图书在版编目（CIP）数据

养老设施规划 / 黄勇，孙旭阳，姜岩主编 .
上海：同济大学出版社，2015.3
（理想空间；65）
ISBN 978-7-5608-5793-0
Ⅰ . ①养… Ⅱ . ①黄… ②孙… ③姜…Ⅲ . ①老年人
住宅—建筑设计 Ⅳ . ① TU241.93
中国版本图书馆 CIP 数据核字（2015）第 052622 号

理想空间
2015-03（65）

编委会主任	夏南凯　王耀武
编委会成员	（以下排名顺序不分先后）
	赵　民　唐子来　周　俭　彭震伟　郑　正
	夏南凯　蒋新颜　缪　敏　张　榜　周玉斌
	张尚武　王新哲　桑　劲　秦振芝　徐　峰
	王　静　张亚津　杨贵庆　张玉鑫　胡献丽
	焦　民　施卫良
执行主编	王耀武　管　娟
主　编	黄　勇　孙旭阳　姜　岩
责任编辑	由爱华
编　辑	管　娟　郭长升　陈明龙　姜　岩　陈　杰
	姜　涛
责任校对	徐春莲
平面设计	陈　杰
网站编辑	郭长升
主办单位	上海同济城市规划设计研究院
承办单位	上海怡立建筑设计事务所
地　址	上海市杨浦区中山北二路 1111 号同济规划大厦
	1107 室
邮　编	200092
征订电话	021-65988891
传　真	021-65988891-8015
邮　箱	idealspace2008@163.com
售书QQ	575093669
淘宝网	http://shop35410173.taobao.com/
网站地址	http://idspace.com.cn
广告代理	上海旁其文化传播有限公司
出版发行	同济大学出版社
策划制作	《理想空间》编辑部
印　刷	上海锦佳印刷有限公司
开　本	635mm x 1000mm　1/8
印　张	16
字　数	320 000
印　数	1-10 000
版　次	2015 年 3 月第 1 版　2015 年 3 月第 1 次印刷
书　号	ISBN 978-7-5608-5793-0
定　价	55.00 元

本书若有印装质量问题，请向本社发行部调换

编者按

　　养老设施规划已成为近年城市规划研究的热点之一。碍于当下研究成果有限，在养老设施布局规划、养老设施修建性规划等项目的编制和实施中尚存在很多问题，困扰着政府官员和规划师。有必要通过对国内外高水平和有代表性的规划案例的详细介绍和深入剖析，探究养老设施规划编制的重点和核心问题，廓清其中的疑问。

　　本书重点关注养老设施布局专项规划、养老设施策划和详细规划，同时也涉及养老产业的宏观趋势及养老设施的建筑、景观及交通等方面。与其他已出版的同类书籍相比，本书编著突出实用性，论文中既涉及国家级的课题研究，也包含了国内高水平设计院的设计案例分析及开发商的前沿探索成果，对于政府官员、规划师、建筑师、开发商等，具有很高的实际指导价值和一定的学术借鉴意义。

上期封面：

CONTENTS 目录

欧洲养老模式
——经验与启示

European Pattern of Providing for the Aged
—Experience and Enlightenment

周 婕 张雨蝉 申犁帆
Zhou Jie Zhang Yuchan Shen Lifan

[摘 要] 文章对欧洲重要的五国，英国、德国、法国、荷兰和丹麦的养老模式，尤其是养老居住模式进行了收集和整理。通过整理发现，即便是在经济实力很强、社会福利制度完善的欧洲，居家养老的老年人仍然占到90%以上。如何使老年人不脱离其生活所熟悉的家庭环境、社区环境，并由政府、专业人士、家人、朋友、邻居及社区志愿者为老年人提供家庭服务，帮助老年人在自己的家里或家庭般的环境中独立、有尊严地生活，是非常重要的原则。政府在资金和政策上发挥主导作用。在养老服务上，非政府、非营利性组织发挥着重要作用。规划布局上，养老住宅和服务设施与普通住宅混合布置。这些，对我国居家养老、社区服务的发展，养老设施的规划、建设和开发有着很强的启示作用。

[关键词] 养老模式；欧洲；经验；启示

[Abstract] This article, through research and collation of data, discusses the topic of retirement living patterns and policies in five important European countries: UK, Germany, France, Denmark and the Netherlands, It has been found that, even in an environment that is economically strong and where government support is high for pensioners, over 90% of pensioners remain in their usual place of residence–the principle of residing in one's familiar home, social and community environment, whilst maintaining support through government schemes, professional carers, family, friends, neighbours and community volunteers in this home environment to enable the elderly to continue their independent and fulfilling lives, is of significant importance. In terms of funding and setting policies, the government plays an important role. For pension services, non-governmental and non-profit organizations play an important role. Planning wise, specialized housing for the elderly and their associated services are set amongst ordinary residential housing and no specific differentiation is made. From the European example, we can draw strong inspiration for the future development of China's planning, construction, development of community services and retirement facilities."

[Keywords] Retirement Living Patterns; Europe; Experience; Enlightenment

[文章编号] 2015-65-A-004

欧洲的城市化和老龄化都早于中国百年，他们对老龄问题的研究走在了我们的前面，他们的经验非常值得我们借鉴。

一、英国

2008年，英国的社区与地方政府部门（Department for Communities and Local Government）、卫生部（Department of Health）和就业与退休保障部（Department of Work and Pensions）共同发布报告《一生的家园、一生的社区：老龄化社会的国家住房战略》（*Lifetime Homes, Lifetime Neighbourhoods:*

A National Strategy for Housing in an Ageing Society），报告认为老龄化问题给住房领域带来了重大挑战。预计到2026年，英国的老年人家庭将占新增家庭总数的48%，超过240万个。到2041年，85岁以上老年人（包括来自黑人和少数族裔的老年人）的数量将会占到更大的比例，其中带有疾病或残疾的老年人数量将增加一倍。预计现在出生的儿童中有五分之一的预期寿命将超过100岁。报告还指出，现今大多数英国的住宅和社区设计都无法满足老年人的实际需求，老年住宅的选择仅仅局限于关爱之家和庇护型住宅。英国政府计划到2020年新建300万套住宅并组成可持续的社区，其中大部分住宅是为老年人设计并建造。建造能够受益终生的住宅只是战略规划

的起点，还应当塑造一个能够适应终生变化的地方。像单体住宅一样，社区除了具备安全性，还应有很强的包容性。公园、商店、电影院和医疗中心等设施应布置在方便到达的地方。

目前在英国，65岁以上的老年人口中，有92%的老年人居住在普通住宅内，老人在熟悉的居住环境中可以得到基本的社区服务；有5%居住在老年社区内，以自立自理为主，同时享受较多的社区服务和社区活动；另有3%居住在养老院（老人之家）内，接受日常生活和医疗服务。

英国的老年住宅比较重视营造家庭氛围，以小型的居多。老年住宅的分类，比照美国老年住宅的称谓，按服务内容可分为以下四类：独立生活住宅（混

1.关爱之家   5.老人院
2-3.庇护性住宅 6.老年住宅
4.老年住宅

合布置于普通居住区，可租可售，提供养老服务）、集中生活住宅、生活辅助住宅和养老院。

英国的社区照顾是一项著名的老年人社会福利政策。它起源于英国二战后的"反院舍化运动"，主要是为弥补院舍照顾给政府带来的财政负担及恢复老年人正常生活的能力，更好地为服务对象提供高质量的照顾、服务而推行的。社区照顾遵循的基本理念是：由社区居民共同去创造一个共生、共存的生活环境，无论是残障人士、老人、儿童还是其他的社会弱势群体，既然是社区的一员，就有权利回到生活的社区，社区也有义务迎接他们的回归。社区照顾至少有两种含义：一是不使老年人脱离他所生活、所熟悉的社区，在本社区进行服务；二是动员社区资源，运用社会人际关系即社区支持体系开展服务。在完整的意义上讲，社区照顾包含"在社区内的照顾"、"由社区照顾"和"与社区一起照顾"，即可以通过社区内的服务设施进行开放式的院舍照顾，或者由政府、专业人士、家人、朋友、邻居及社区志愿者为老年人提供家庭服务，帮助老年人在自己的家里或家庭般的环境中独立、有尊严地生活。

在服务内容的提供上，英国的社区照顾主要包括以下四方面。

1. 生活照料

包括上门送餐或做饭、洗衣、洗澡、理发、打扫卫生、购物、陪同上医院等。生活照料又分为以下四种形式。

（1）居家服务，是对居住在自己家中、有部分生活能力，但又不能完全自理的老年人提供的一种服务。在英国约有10％的65岁以上老人接受这项服务。

（2）家庭服务，是对生活不能自理、卧病在床的老年人，在家接受亲属全方位的照顾。

（3）老年人公寓，是对社区内有生活自理能力但身边无人照顾的老年夫妇或单身老人提供的一种照顾方式。

（4）托老所，包括暂托所和养老院。因家人临时外出或度假，无人照料的老年人便可送到暂托所，由护工代为照顾；而对那些既无法生活自理也无人照顾的老年人则送入养老院。

2. 物质支援

主要包括安装和改建日常生活设施，例如楼梯、浴室、厕所等处的扶手；减免税收，对超过65岁以上的纳税人给予适当的纳税补贴、减少住房税，65岁以上的老年人可以享受国内旅游车船票减免的权利，以及电灯、电视、电话费和取暖费的优惠待遇。

3. 心理支持

包括保健医生上门为老年人免费看病；保健访问者上门为老年人传授养生之道，每年约有60万老年人接受此类访问；家庭护士上门为老年人护理、换药等。

4. 整体关怀

包括改善生活环境、提供志愿工作供老年人参与、发动周围资源给予相应支持等。

具体形式有：（1）兴办具有综合性功能的社区服务中心。社区内的老年人可以在社区服务中心开展娱乐、社交活动，建设、活动经费主要来自政府拨款，基本上属于无偿服务；（2）开办社区老年公寓。服务对象是社区内有生活自理能力但身旁又无人照顾的老年人，其收费标准大体相当于政府发放给每个老人的养老金；（3）家庭照顾。主要是指政府发放适当的津贴鼓励其家庭成员对老人进行照顾；（4）设立短期护理机构如暂托处。主要是针对因家庭成员有事外出或离家度假而得不到照顾的老年人；（5）上门服务。这是对居住在自己家里，但生活不能完全自理的老人提供的一项服务；（6）开办社区老人院，集中收养生活不能自理又无家庭照顾的老年人。主要是由政府举办或是由政府资助、社区举办的，所提供的服务是免费的或是收费低廉的，社会团体和民间组织是社区服务的主体，经费一般主要来自政府拨款，同时来源于社会募捐。

在运行模式方面，英国社区照顾主要是以社区为依托，官办民助或民办官助。首先，政府发挥着主导作用。主要表现在社区照顾法规政策的制订和实施、社区照顾设施的提供、为民间社区照顾事业提供财政支持及招聘工作人员等。其次，非政府、非营利性组织发挥着骨干作用。它们接受政府和社会各界捐助，承担社区照顾任务，并且组织志愿者无偿或者低偿地开展活动。此外，为弥补社区照顾的不足，英国还有大量的商业性老人服务机构。在福利供给领域初步形成了政府供给、非营利组织供给、民间市场供给三大体系，在服务体系构成上实现了正式与非正式照顾的互相配合，以满足不同情况、不同层次老年人的需求。

社区照顾与传统的家庭养老和集中院舍养老相比，具有很大的优越性，它融合了家庭养老和集中院舍养老的优点，更符合人道原则，更注重对老年人心理和情感上的关怀，使老年人过上了正常化的生活，提高了老年人的生活质量。

二、德国

德国是世界上最早由国家设立养老保障的国家。德国的老年住宅模式大致分作社会住宅体系和养老院体系两种，入住养老院体系的老年人约占60岁以上老年人口的5%。上述两种体系通常毗邻建设，以共享服务设施和医疗设施。

社会住宅体系内部多为无障碍设计，政府对老年人住房采取补贴措施。在生活援助方面，老年住宅开发商与民间福利团体签订提供服务的合同。该合同可成为开发商获得建设资金贷款的融资条件。

养老院体系里的老年住宅，以生活能够自理的老人为居住对象，是一种接近住宅形式的养老院。在规划上，设计者把社会体系的老年住宅和养老院毗邻建设，以便两者能够共用服务网点和急救站时。

老年人的居住模式根据其身体健康状况大致作如下划分：社会住宅、老年公寓、养老院、护理院和将老年公寓、养老院和护理院的功能组成一体综合运作的机构，能够使老年人随年龄的增加、身体状况的弱化，仍然得到连贯的生活照料服务。这种模式得到政府的大力倡导。

三、法国

法国是世界上最早进入老龄化社会的国家。在1850年欧洲产业革命即将胜利时，法国60岁以上老年人已占总人口的10%。居住在养老设施里的老人约占老年人口的6%，在欧洲国家中收养率最高。

在法国，住在普通住宅的老年人达94.5%，且绝大多数与子女分居，其中仅有5%为三代同堂。他们的生活照料由社区的家庭服务员提供从生活料理到医疗保健的多种上门服务。同时，社区的老年俱乐部丰富了老年人的业余生活。法国的养老设施大体上可以划分为四种：生活辅助住宅、老年公寓、护理院和疗养院。

特色鲜明的老年人酒店式公寓是法国解决老年人住房问题的主要模式。在这种酒店式公寓中，配套设施完全依据老年人的需要而设计，如防滑设施和无障碍设施等，服务人员远远多于一般酒店或酒店式公寓的服务人员，老年人可以根据自己的需要选择长住

或短住。

四、瑞典

瑞典是继法国之后，于1890年第二个进入老年型的国家，也是当今世界上老年人口比重最大的国家，预计到2025年将达22.29%。目前，65岁以上的老年人口中，约有91.4%居住在普通住宅内，可以得到基本的社区服务；有5.6%居住在服务型住宅内，以自立自理为主，同时享受较多的社区服务和社区活动；另有3%居住在养老院内，接受日常生活照料和医疗服务。瑞典拥有完善的社会福利制度。瑞典各级政府针对老年人在养老金发放、住房补贴、免费医疗、提供社会服务等方面建立了较完备的养老保障制度。其住房政策以扶助老年人独立生活为目标，同时最大限度满足老年人长期居住在一个他们熟悉的地方和环境中的意愿。

瑞典老年住宅模式主要有：普通住宅、老年专用公寓、服务住宅、家庭式旅馆和老人之家。瑞典88%的老年人拥有自己的私宅。这与该国老年人有较强的经济能力相关。居住普通住宅的老人由社会福利委员会提供看护、帮助和其他服务。

老年人专用公寓是设立在普通公寓中的老年人专用住宅单元，室内设备为适应老年人专用而设计，配备专门的管理人员，老人生活可依靠社会服务机构上门服务。

服务住宅和家庭旅馆内设多套居住单元，每套单元都有厨房、浴室，住宅内还有公共食堂，老人可集体用餐，设有医务室和各种报警系统。

老人之家住宅的典型平面单元是一个单人房间，带一个盥洗室。许多还建有公共餐厅、公共休息室、图书馆和健身房。在60、70年代，老人之家曾大量建设，居室多为双人甚至多人。

公立养老院、老人慢性病房由地方政府提供，原来的老人慢性病房是以医疗为目的，1979年后，出现以康复为重心的新型单人慢性病房。

五、丹麦

丹麦除了具有上述几国养老模式的共性之外，还于20世纪80年代初提出了"居住连续性"、"自行决定"、"充分发挥自立能力"作为为老年人提供居住和福利的基本政策。为此专门颁布了《老年人住宅法》，其中对住户标准作了规定：老年住宅应设有厨房、浴室、卫生间，住宅内部必须是无障碍设计，必须保证平均每户建筑面积在67m²以上，必须有24

小时紧急通讯的联络装置，必要时设有公共娱乐室，方便老年人交往。

六、启示

通过对欧洲的英国、德国、法国、荷兰和丹麦的养老模式，尤其是养老居住模式进行整理发现，即便是在经济实力很强、社会福利制度完善的欧洲，也只有5%左右的老年人居住在专门的养老设施里。规划布局上，养老住宅和服务设施与普通住宅混合布置。如何使老年人不脱离他生活所熟悉的家庭环境、社区环境，并由政府、专业人士、家人、朋友、邻居及社区志愿者为老年人提供家庭服务，帮助老年人在自己的家里或家庭般的环境中独立、有尊严地生活，是非常重要的原则。因此，寄希望于由中国政府大规模建设养老院来解决养老问题是不现实的。同时，集中的、大规模的建设和开发养老地产也被证明是不适合老年人需求的做法。

欧洲政府和市场非常重视老龄问题的研究，针对本国老龄化状况，他们成立了一些重要的研究老年人问题的组织机构，并定期活动，发布研究成果，以引导政府和市场。比如，欧洲老年人住宅问题组织（Housing for Older People in Europe，HOPE）、老龄人口住宅创新委员会（Housing our Ageing Population Panel for Innovation，HAPPI）等，大学也参与其中，比如剑桥大学住房与规划研究中心（Cambridge Center for Housing Research）在2010年发布了报告《对"第一站"信息的评估和对老人及其家庭成员和看护者的建议》，独立评估了"第一站"——一家关于提供老年住宅的服务信息和选择的机构。这对我国也具有很好的启示。

他们尤其重视养老设施的主体：老年人住宅的设计和创新。例如由Joseph Rowntree Housing Trust开发的英国第一个"持续照顾退休社区"和最近启动的"附加关爱"住宅计划（'extra care' housing schemes）。欧洲老年人住宅问题组织（HOPE）以"老年人在未来5～10年对住宅的要求"和"住宅开发商能够做些什么来帮助老年人尽可能长时间地居住在自己的家中"为主要议题，于2008年在哥本哈根举行会议，探讨并预测老年住宅的发展趋势，并在会议后形成题为《老年人住宅的发展趋势》（Trends in Housing for Older People），老龄人口住宅创新委员会（HAPPI）认为现在有必要从国家层面支持新建住宅以面对不断增加的老龄人口的需求，还应该积极做好预案通过创造更多数量和类型的住房为人们提供更好的选择。同

时，老年住宅将成为主流住宅的范本，因此需要在住宅空间和住宅质量上满足更高的设计标准。艾米里亚一罗马涅地区经济发展事务中心（ERVET Emilia-Romagna Territorial Economic Development Agency）来自不同国家的五家机构2007年共同发布了题为《老年人住宅设计：欧洲优秀住宅实践指南》的指导手册。我国在该方面的创新设计和实践还很不够。

在以下五个方面，欧洲的养老模式也给我们提供了很好的经验和启示。

在运行模式上，首先，政府发挥着主导作用，同时官办民助或民办官助。政府重在养老法规政策的制定和实施、社区照顾设施的提供，以及为民间养老事业提供财政支持，招聘工作人员等。其次，非政府、非营利性组织发挥着骨干作用。它们接受政府和社会各界捐助，承担社区照顾任务，并且组织志愿者无偿或者低偿地开展活动。

在服务内容上，包括了从各类养老住宅和服务设施到日常服务、医疗救治、心理关怀等全面的内容。

在具体形式上，从政府和民间集中开办少量的养老院到家庭养老为主、上门服务，重点是让老年人过上正常化的生活，提高老年人的生活质量。

在供给体系上，形成了政府、非营利组织、民间市场三大供给体系，

在服务体系上，正式与非正式照顾互相配合，以满足不同情况、不同层次老年人的需求。

总之，老龄化问题不仅是中国正在面临的问题，也是世界性的问题和难题。中国人口众多，"未富先老"，"未防先老"，使得即将大规模到来的老龄化问题更加尖锐。如何未雨绸缪，发达国家走过的历程，以及其经验和教训值得我们借鉴。

参考文献

[1] Alley, D., et al. Creating Elder-Friendly Communities: Preparations for Aging Society[J]. Journal of Gerontological Social Work, 2007, (49): 1 - 18.

[2] Andersen. H., et al. Trends in Housing for Older People - HOPE Conference Report [EB/OL]. http://81.47.175.201/flagship/attachments/Housing_Older_People_trends.pdf, 2008 12 31/2014 04 17.

[3] Ageing Better In Europe. The Challenge of Ageing: Cooperation in Action [EB/OL]. http://www.europa.steiermark.at/cms/dokumente/11560703_2950520/061b1aec/the_challenge_of_ageing_cooperation_in_action_A4.pdf, 2009 08 05/2014 04 17.

[4] Cambridge Center For Housing Research. Evaluation of the FirstStop Information and Advice Service for Older People,
Their Families and Carers [EB/OL]. http://www.cchpr.landecon.cam.ac.uk/Projects/Start-Year/2010/FirstStop-Evaluation-2010/Phase-1-Evalutation-Report, 2013 01 01/2014 04 17.

[5] CECODHAS Housing Europe. Housing and Ageing in the European Union [EB/OL].http://www.eukn.org/E_library Housing/Housing_Policy/Housing_Policy/Housing_and_ageing_in_the_European_Union, 2009 12 01/2014 04 17.

[6] Croucher. K. & Hicks. L. & Jackson. K. Housing with Care for Later Life: A Literature Review[M]. York: Joseph Rowntree Foundation, 2006.

[7] Department for Communities and Local Government & Department of Health & Department for Work and Pensions. Lifetime Homes, Lifetime Neighbourhoods. A National Strategy for Housing in an Ageing Society, [EB/OL].http://www.cpa.org.uk/cpa/lifetimehomes.pdf, 2008 02/2014 04 17.

[8] Department for Communities and Local Government. Laying the Foundations: A Housing Strategy for England, [EB/OL].https://www.gov.uk/government/uploads/system/uploads/attachment_data/file/7532/2033676.pdf, 2011, 11 15/2014 04 17.

[9] ERVET, et al. (2007) Older Persons Housing Design: A European Good Practice Guide, [EB/OL].http://www.housinglin.org.uk/Topics/browse/Design_building/AccessByDesign/CaseStudies/?&msg=0&parent=8577&child=1666, 2012 09 24/2014 04 17.

[10] ERVET Special Initiatives Unit, et al. (Ed.). Welfare State: Housing Policies for Senior Citizens, European and Italian Experiences in Urban Requalification with Specific Regard to the Elderly Population - Conclusive Report, Volumes 1 & 2[R], 2004.

[11] ERVET Special Initiatives Unit & Omoboni, G. (Ed.) (2006) Action Plan for the Regional Community. A society for Every Age: Ageing of the Population and Prospectives for Development.

[12] ERVET Special Initiatives Unit & Omoboni, G.& Tugnoli, A. (Ed.). Housing Services in Favour of Elderly People, Casalecchio di Reno (Bo) Town Council, for the Head Councillor for Social Policies[R], 2000.

[13] ERVET Special Initiatives Unit & Omoboni, G. (Ed.). Houses for the Elderly. How to Respond to Their Needs; Accessibility, City Areas and Integrated Services, Cooperative Builder Ansaloni[R], 1999.

[14] Hanson, J. From "Special Needs" to "Lifestyle" Choice: Articulating the Demand for Third Age Housing in Holland, P. (eds), Inclusive Housing in an Ageing Society[M]. Bristol: The Policy Press, 2001.

[15] HAPPI. Housing our Ageing Population: Panel for Innovation[R].
London: HAPPI, 2009.

[16] Heywood, F. & Oldman, C. & Means, R. Housing and Home in Later Life[M]. Buckingham: Open University Press, 2002.

[17] Kellaher, L. Shaping Everyday Life: Beyond Design in Holland, P. (eds), Inclusive Housing in an Ageing Society: Innovative Approaches[M]. Bristol: The Policy Press, 2001.

[18] Kelly, M. Lifetime Homes in Holland, P.(eds), Inclusive Housing in an Ageing Society: Innovative Approaches[M]. Bristol: The Policy Press, 2001.

[19] Kohli, M., Kunemund, H., Vogel, C. Staying or Moving? Housing and Residential Mobility. In: Borsch-Supan, Axel. et al. (Ed.) First Results from the Survey of Health, Ageing and Retirement in Europe (2004-2007)[M]. Mannheim, 2008:108-114.

[20] Mostaedi, A. Residences for the Elderly[M]. Barcelona: LINKS, 1998.

[21] Oldman, C., Heywood, F. Housing in an Ageing Society[M]. Bristol: The Policy Press, 2001.

[22] Robson, D., Nicholson, A., Berker, N. Homes for the Third Age: A Design Guide for Extra Care Sheltered Housing[M]. London: E&FN Spon, 1997.

[23] 邓飞、陈传荣. 谈人口老龄化背景下的住区建设：以南京南湖小区为例[J]. 城市规划与环境建设，2008，28（5）：38 - 39.

[24] 杨蓓蕾. 英国的社区照顾：一种新型的养老模式[J]. 探索与争鸣，2000，（12）：43 - 44.

作者简介

周　婕，武汉大学城市设计学院副院长，教授，博士生导师，中国城市规划学会理事，国家高等学校城市规划专业指导委员会委员，武汉市政府决策咨询委员会委员；

张雨蝉，英国曼彻斯特大学，建筑学硕士研究生；

申犁帆，武汉大学城市设计学院，博士研究生。

基于老年人行为模式研究的养老设施规划浅析

Research on the Endowment Facilities Planning for the Elderly Based on Behavior Pattern

黄 勇　汪鸣鸣
Huang Yong　Wang Mingming

[摘　要]　随着老龄化时代的到来，养老设施的规划与设计越来越受到重视，本文从老年人行为模式的研究出发，通过对老年人生理行为、心理活动的特征分析，并针对养老设施规划提出相应的建议和措施，以提升和优化当前的养老设施规划，创造更加适老的设施配置和公共环境。

[关键词]　老年人；行为模式；养老设施；规划

[Abstract]　With the aging, the planning and design of the endowment facilities get more and more attention. This article will analysis the elder's physiological and mental behavior features from their behavior pattern. And combing endowment facilities planning, we conclude elderly-oriented planning concept and hope to inspire the current endowment facilities planning, to create a more suitable facility configuration and public environment.

[Keywords]　The Aged; Behavior Pattern; Endowment Facilities; Planning
[文章编号]　2015-65-A-008

1.北京市老年人出行采用的交通方式分析
2.上海城市老年人日常购物行为空间圈层结构
3.老年人活动领域性
4.老年人社区养老服务设施

一、前言

根据国际上对老龄化社会的通行标准，中国在20世纪末已进入老龄化社会。截至2013年底，中国60岁及以上老年人口达2.02亿，占总人口14.9%。作为世界上老龄人口最多的国家，与发达国家相比，中国的社会老龄化还呈现"未富先老"、"未备先老"等特征。

针对汹涌的老年化浪潮，中国在国家战略层面已经相继出台了一系列支持引导、鼓励养老设施发展的政策，具体措施和金融支持等方面也日趋细化，践行"积极老龄化"的养老理论；但在具体规划设计层面，关于养老设施规划的研究还有待加强。本文从对老年人行为模式的分析出发，对当前养老设施规划的问题进行探讨，提出优化和改进养老设施规划的相关措施。

二、老年人行为模式特征

随着年龄的增加，老年人的生理衰退现象开始加速，具体表现为行动迟缓、自理能力下降，日常生活需要照顾护理。同时从工作岗位退下，在家庭中所承担角色的变化以及生理上的变化对老年人的心理也产生相应的影响。本文将先分析老年人的生理和心理

的变化，在此基础上对老年人的行为模式进行分析，总结其行为模式特征。

1. 生理变化

身体的衰退是老年人生理变化最明显的外在表现，包括视力、记忆力下降、味觉嗅觉的迟钝、动作协调性的降低等行为表现。可从感知系统、肌肉骨骼系统、思维系统三大方面进行分析（表1）：老年人在感知系统方面的衰退现象表现为听觉和视觉最先发生障碍，影响对周围环境的信息接收；在肌肉骨骼系统方面，身体开始萎缩，肌肉的强度和控制能力不断减退，一般人70岁时的肌肉强度仅相当于30岁时的一半；人的智力由记忆、分析、推理、计算能力等组成，中年时期对事务的分析、判断和推理能力处于峰值，但记忆力开始减弱，进入老年后，记忆力和反应速度的降低更为明显。

表1　老年人的生理变化特征表现

身体系统	特征表现	生理需求
感知系统	听觉障碍；视觉障碍	加强感官刺激
肌肉骨骼系统	骨骼萎缩，人体高度降低；灵活程度下降；肌肉轻度以及控制能力减退	无障碍设计
思维系统	记忆力减退；反应速度降低	信息提醒

2. 心理变化

老年人退休之后的活动范围与工作时期相比大幅减少，其活动中心也从工作单位转变到家庭及小区，社会交往从以同事为主变为以家人、邻居为主，再加上生理变化的影响，其心理需求也相应地发生变化（表2）。

表2　老年人心理特点和需求分析

心理特点	原因	心理需求
衰老感	年龄的增长、身体机能的衰退	提高安全感
失落感	家庭占据的位置发生改变，从不可或缺的位置变成可有可无	增强归属感
孤独感	独居或老年丧偶	创造邻里感
自卑感	身体机能的衰退	营造舒适感
抑郁感	从繁忙的工作到休闲的生活的落差，对以往状态的怀念	保障私密感

3. 行为模式特征

（1）基于家的出行——围绕在小区周边

老年人由于身体机能的衰退，活动能力大大降低。2007年一项针对北京老年人出行交通方式选择的统计表明，老年人选择步行方式的分担率为58.3%。考虑到其他地区的公共交通服务设施的情况及中国私家车的普及时间较晚，可基本判断中国老年人出行的主要方式为步行，这极大地限制了老

年人的出行距离。研究表明，老年人的日常行为多发生在步行10分钟可以到达的距离范围内。一项针对北京、深圳和上海三地的老年人购物行为的研究表明，老年人超六成的日常购物行为集中于离家500m范围内，上海市甚至达到了八成。[1]而一项针对北京老年人出行行为的研究发现，生活购物出行在老人的日常出行中占了很大的比重，"家—购物—家"占了总出行的45%～48%，而"家—休闲娱乐—家"则占据20%～26%[2]，看病、探亲访友、接送人则占据较小比例。综上所述，老年人的出行主要都是基于家展开，以步行可以到达的范围为主，即限于小区周边。

（2）私密感和社交感的追求——不同层级社交需求

随着年龄的增加，老年人对陌生事物和新环境的接受能力越来越低，更愿意呆在熟悉的、有安全感的环境中。安全感的保障一定程度上是营造一个私密感的环境给老年人，同时又需要满足老人对社交的需求。有研究表明可以根据老年人的活动形式和特征将老年人的活动领域划分为3个层面。

个体活动领域——不受外界打扰，可让老人独自静坐或沉思的安全、私密的领域空间。

成组活动领域——个体活动领域意识降低、自身防卫空间缩小，与其他个体共同参与集体活动构成的领域。

集成活动领域——多个老年成组活动领域所构成的复合式活动领域，各个成组活动领域之间有一定的分离性，也存在一定的自由度和选择性。

从个体活动领域—成组活动领域—集成活动领域的变化，可以反映老年人的社交需求是有层级区分的。不同层级的社交需求则需要相对应的空间载体来满足，在进行养老设施规划的相关空间设计时，需要考虑到这个特征。

（3）个人时间充裕、消费能力提高——养老需求多样化

老年人从工作岗位退下之后，除了日常生活占用部分时间外，还拥有大量的空余时间。与此同时，我国老年人的消费能力随着经济的发展不断提高。充裕的个人时间和潜在的消费能力刺激了多样化的养老需求，构成了庞大的老年消费市场。据推算，我国老年消费规模在2015年可达到2.2万亿元。

养老需求的满足涉及老年房产产业、日常照料护理服务产业、娱乐休闲产业、老年产品等多个行业。随着养老观念的变化，越来越多的老年人选择到各类养老公寓、养生旅游地等场所安度晚年，也有选择"候鸟式"旅游方式出行，对各类老年产品、服务产品的需求也很旺盛。对养老消费市场的开发在满足老年人的消费需求的同时也可以成为新的经济增长点。

三、养老设施规划研究——基于老年人行为模式

1. 强化依托小区布置服务设施、提供养老服务

基于上文中对老年人出行特征的分析，老年人的活动多围绕在小区周边。在进行商业设施规划布置时，注重在小区周边的商业布点。在离家500m的范围内，设计符合老年人出行方式的安全、无障碍、舒适便捷的步行系统，完善针对老年人的商业设施，如药店、医疗服务设施、老年用品店等。

老年人随着生理机能的衰退，需要借助他人的帮助来处理日常生活中的一些事务。由于现代生活观念的改变、计划生育政策的影响等多方面因素，出现越来越多的独居老年人，这些老年人的生活需要专业服务人员的协助。鉴于老年人的分布广泛性及对服务需求的时效性要求，适宜在社区层面设置提供服务人员的场所，既可以提供日间照料服务，也可以提供上门服务。因此，传统的养老模式向居家养老和社区养老相结合的模式转变将是未来的养老趋势。

依托于社区养老设施的养老方式保持了老人原有的生活方式和独立性，延续已经

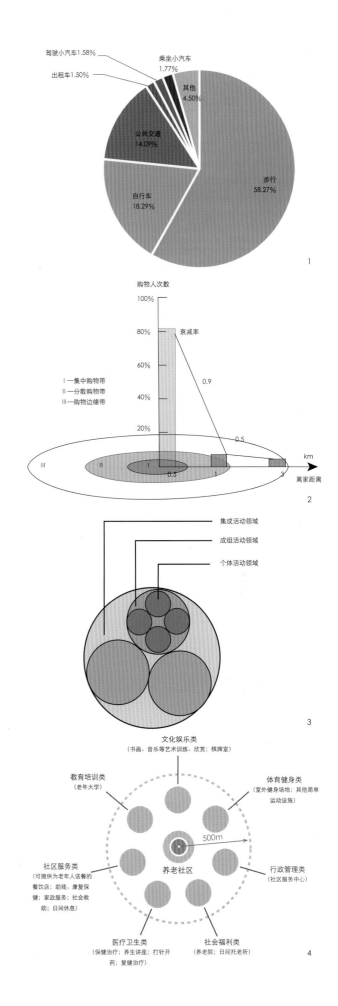

形成的邻里关系和情感环境，保持老人与其他年龄群体的交往和生活，社区活动站为老年人提供了所需要的社交平台，可降低老人的孤独感。由于老年人口所占比例仍在上升，在达到国家要求的基础上，小区可预留部分空间以防日后养老设施的增置。

2. 构筑"以老人为本"的社区活动空间体系

社区作为承载老年人活动的重要层级，是老年人室外活动的最主要地方之一。对于老年人来说，室外活动是帮助老人缓解衰老感、失落感、孤独感等消极情绪的重要方式，适当的户外活动、与他人的沟通交流都有利于老年人的健康生活。根据老年人的行为模式特征和心理述求，将老年人户外活动空间划分为私密静态空间、坐憩时间、小群体空间、亲子娱乐空间、园艺活动空间、步行空间、集体活动空间（表3），不同的空间分类有不同的适宜活动；可以结合城市绿地、公园、学校等构建老年人活动空间体系，以实现城市资源的集约化利用。

表3　　　　　　　　　　老年人户外空间要求

活动领域分类	空间分类	空间要求	空间活动
个人活动领域	私密静态空间	四周有灌木遮挡，与人流较多的集体空间应有适当的距离	静思、缅怀过去
	坐憩空间	树下或建筑屋檐廊架之下，保持通风和充足的阳光	户外休息之处
成组活动领域	小群体空间	可容纳4～6人为宜，要求夏季阴凉，冬季阳光充足，空间相对独立	聊天、下棋、花鼓戏、交流牌技等
	亲子娱乐空间	结合老年人和儿童的活动特点，设置适合儿童游玩、锻炼儿童动手能力的安全设施，以及老年人锻炼的设施；应有高度不同的座椅，视野较开阔	老人照顾孙子
	园艺活动空间	封闭或半封闭空间，足够的座椅及种植工具	针对老年人的体力锻炼，收获自己劳动成果的自豪感和成就感
	步行空间	步道至少1.5m宽，确保步行者与轮椅能并排通过，路面采用防水防滑防眩光的材质，坡度设计平整、笔直，稍有蜿蜒，转角处和重点要设置些色彩明亮的标志物	散步、慢跑
集成活动领域	集体活动空间	以娱乐健身为主的动态空间，场地较大，地面平坦不易摔跤，光线充裕，视野开阔	供老年人跳舞、武术、太极拳，定期的文化交流活动

3. 市场参与发展多样化、多层次的养老机构

现存在的机构养老设施多为政府投资的非营利性的机构，各地出现的"一床难求"现象可以说明这些养老院难以容纳众多的老年人，也无法满足部分老年人的中高端需求。随着养老观念的开放，部分老年人已不再拘泥于传统的居家养老，渴望在环境优美的地方享受更多样的晚年生活。

未来的机构养老设施将主要分为两类：政府投资的养老机构优先保障孤老优抚对象、经济困难的孤寡、失能、高龄等老年人的服务需求；市场化的养老机构可享受一定的政府优惠政策，多样化多层次开发老年公寓、养老院、托老所等养老机构，满足老年人的多样化养老需求。

4. 社区合理组织老年人的娱乐活动

社区在养老体系中承担居家养老和社区养老的多项职能，可培养老年人积极情绪，定期检查身体，动员老年人参加适量体能运动以及力所能及的社区工作，以克服

5.私密静态空间	11.市场化养老院
6.坐息空间	12.公立养老机构
7.小群体空间	13.集体活动空间
8-9.亲子娱乐空间	14.园艺活动空间
10.步行空间	15.小群体空间

和消除消极情绪；培养老年人的多种兴趣、爱好，举办多种形式的老年人学校，以满足充实老年人的生活和学习需要；理智分析老年人情感活动，给予正确的心理疏导，耐心解释和引导老年人正确的认识态度，必要时可进行心理治疗。

四、结语

随着社会发展和物质生活水平的提高，老年人对养老服务和养老设施的要求越来越高。从老年人的行为模式特征的角度研究养老设施规划，是养老设施规划优化改进的主要立足点，有利于创造更加适老和舒适的养老环境。

注释

[1] 柴彦威，李昌霞. 中国城市老年人日常购物行为的空间特征[J]. ACTA GEOGRAPHICA SINICA, 2005, 60 (3).

[2] 张政，毛保华，刘明君，等. 北京老年人出行行为特征分析[J]. 交通运输系统工程与信息, 2007, 7 (6)：11 - 20.

参考文献

[1] 薛忠燕，李涛. 北京市养老服务设施规划策略与实施机制初探[A]. //城市时代，协同规划：2013中国城市规划年会论文集 (07—居住区规划与房地产)[C]. 中国城市规划学会：2013：11.

[2] 刘令贵. 基于介助老人行为模式的住宅改造研究[J]. 中华民居（下旬刊），2012, 09：8 - 10.

[3] 胡先进，张红洲. 老年人常见心理活动过程和行为特点与对策[J]. 中国老年学杂志，2005, 12：1578 - 1579.

[4] 王秋惠. 老年人行为分析与产品无障碍设计策略[J]. 北京理工大学学报（社会科学版），2009, 01：57 - 61.

[5] 许淑莲. 老年人视觉、听觉和心理运动反应的变化及其应付[J]. 中国心理卫生杂志，1988, 03：136 - 138+140.

[6] 王岚，易中，姜忆南. 社区养老服务设施规划的探讨[J]. 北方交通大学学报，2001, 02：107 - 110.

[7] 李斌，李庆丽. 养老设施空间结构与生活行为扩展的比较研究[J]. 建筑学报S1, 2011 (5)：153 - 159.

[8] 柴彦威，李昌霞. 中国城市老年人日常购物行为的空间特征[J]. ACTA GEOGRAPHICA SINICA, 2005, 60 (3).

[9] 张政，毛保华，刘明君，等. 北京老年人出行行为特征分析[J]. 交通运输系统工程与信息，2007, 7 (6)：11 - 20.

[10] 万邦伟. 老年人行为活动特征之研究[J]. 新建筑，1994 (4) 23 - 30.

[11] 刘晓梅. 我国社会养老服务面临的形势及路径选择[J]. 人口研究，2012, 36 (5)：104 - 112.

[12] 周岚，叶斌，徐明尧. 探索住区公共设施配套规划新思路：《南京城市新建地区配套公共设施规划指引》介绍[J]. 城市规划，2006 (4)：33 - 37.

作者简介

黄 勇，同济大学，建筑与城市规划学院，博士生；

汪鸣鸣，理想空间（上海）创意设计有限公司，规划师。

老龄化社会背景下养老设施配套初探

A Preliminary Study of the Hierarchical Facilities for the Elderly in an Aging Society

蒋朝晖 魏 维 魏 钢
Jiang Zhaohui Wei Wei Wei Gang

[摘　要]　在我国社会老龄化日益严重的背景下，国家提出了90%的老年人居家养老、7%社区养老、3%机构养老的"9073"养老模式，在这个体系中，养老设施扮演着关键角色。在实践过程中，养老设施如何配置，与老年人口的对应关系如何，对于城市公共服务设施的完善具有现实而紧迫的意义。本文针对养老设施的配套进行了定性为主、定量为辅的分析。

[关键词]　养老设施；配套指标

[Abstract]　The aging society is becoming an increasingly serious problem in China. In this context, a model of 90% home-based support, 7% community-based support and 3% institution-based support for the aged is put forward by the government. In this system, facilities for elders play an important role. In practice, how to allocation these facilities and how many elder people these facilities serve, is a practical and urgent project to optimize the public service facilities. Aiming at allocation the facilities for elders, this article's primary research method will bequantitative and second qualitative.

[Keywords]　Facilities for Elders; Allocation Indicator

[文章编号]　2015-65-A-012

当前，我国已经进入人口老龄化快速发展阶段，2012年底我国60周岁以上老年人口已达1.94亿，2020年将达到2.43亿，2025年将突破3亿。老年人口基数大、增长速度快、老龄化程度日趋严峻，养老形势十分急迫。面对这样的形势，我国提出了90%的老年人居家养老、7%社区养老、3%机构养老的"9073"养老模式，即形成以居家养老为基础、社区服务为依托、机构养老为支撑的社会养老服务体系，在这样的养老格局中，养老配套设施的建设是核心内容之一，本文主要探讨的是如何配套养老设施，以为养老设施的配建提供指南。

一、养老设施的定义和内容

要清晰界定养老设施，需要对几个文献中经常出现的相关概念加以讨论，包括老年人设施、养老设施和社区养老设施。"老年人设施"的概念在《城镇老年人设施规划规范（GB50437—2007）》中定义为：专为老年人服务的居住建筑和公共建筑。"养老设施"的概念在《养老设施建筑设计规范》中是这样解释的：为老年人提供居养、生活照料、医疗保健、康复护理、精神慰藉等方面专项和综合服务的养老建筑服务设施；上海的《养老设施建筑设计标准》则将养老设施定义为：为老年人（年龄60岁以上）提供住养、生活护理等综合性服务的机构。

从老年人设施和养老设施的概念的比较可以看出，养老设施是老年人设施中的一部分，它强调的是"照料"，无论是生活上还是身体上的（也包括心

理）。若以是否在设施内提供"照料"服务这一标准来衡量，则养老院、护理院、老年人日间照料中心、老年公寓等设施属于养老设施，而老年住宅、老年学校、老年活动中心这一类设施则属于老年人设施而不属于养老设施。

社区养老设施的概念顾名思义是指社区中的养老设施，在我国90%的老年人居家养老、7%的老年人社区养老、3%的老年人机构养老的"9073"养老国策中，提到的"社区养老"指的是老人居住在家里，由社区服务机构负责安排专业人员提供各种养老服务，这个"社区服务机构"就是指社区养老设施，包括老年人服务中心和老年人日间照料中心，前者主要为老年人提供各种综合性服务（如餐饮、清洁等），后者主要为日间缺乏照料的有需求半失能老人，提供日间的生活照料、日常护理和康复、精神慰藉等服务。

在养老设施的具体类型上，《养老设施建筑设计规范》界定为老年护理院（老年养护院）、养老院（社会福利院的老人部、敬老院等）、养老公寓（老年公寓）和老年日间照料中心（托老所）等机构养老设施以及为居家养老提供社区关助服务的养老设施；上海的《养老设施建筑设计标准》则界定为福利院、敬（安、养）老院、老年护理院、老年公寓等设施。

综上，涉及"照料"的老年人设施，即养老设施主要包括：养老院、老人护理院、老年服务中心、老年人日间照料中心（托老所）、老年公寓五种。这五种养老设施是本文的所指对象，除此之外，为便于设施的配套，也会涉及老年人活动中心（站）和老年

学校这两种老年人设施。

二、当前我国养老设施存在的主要问题

1. 老年人设施配套不够、落实困难

目前我国老年人设施的配套严重不足，老年人对医疗、文娱、入户服务等方面的需求与实际供给之间存在很大差距。在落实上，由于老年人设施盈利有限、无法盈利甚至需要补贴，如果没有相关政策的鼓励，使之在政府缺位时，民营资本也缺少动力去填补。

2. 指导老年人设施配建的标准不清且缺少协调

目前关于养老设施配建较全面的国家标准包括《城镇老年人设施规划规范（GB50437—2007）》及《城市居住区规划设计规范（GB50180—93）》，但这些规范尚存在一定的不适应性，比如所规范的养老设施类型不全、养老设施的配置不能与老年人口的规模相对应、对老年社区的设施配建指导性不强等。另外，虽然一些规范从规划设计的角度对面积规模、床位数、功能配置、面积等问题进行了技术性规定，但规定间缺少协调，也会让设施的配建无所适从。比如老人护理院在《城镇老年人设施规划规范》和《老年养护院建设标准》中的配套方式不同，具体建设指标也缺乏协调。还有则是一些规范对设施的配套划定有所缺失，比如《城镇老年人设施规划规范》中对老年护理院仅划定了市区级，而忽略了街道级护理设施，层级的缺失会对需要护理的老年人带来很大不便。

3. 设施配套缺少对失能老人的倾斜

据2010年全国老龄办和中国老龄科学研究中心开展的全国失能老年人状况专题研究显示，在养老机构收住对象的定位上，近一半的机构表示只接收自理老人或以接收自理老人为主，不收住失能老人。城市中有将近三分之二的养老机构，特别是民办养老机构，对老人入住不以失能作为限制条件；但在农村养老机构中这个比例则降为30.4%，有超过四成的农村养老机构明确表示只接收自理老人。老年人设施为生活能自理的健康老人考虑相对较多，对失能半失能老人的需求考虑相对较少。在全国将近4万家老年人的收养机构中，收养的失能老年人只占全部收养老年人数的17%。大量的失能老人缺少必要的照料。

4. 其他问题

养老设施由于其承担着社会福利的功能，使之配套建设需要政府相应的制度政策来扶持。比如按规定，新改建居住区要配套建设社会福利设施，其征地拆迁费用由承建项目开发公司承担，基本建设费用由区县政府负担，产权归区县政府所有，但由于没有操作性办法，政策的刚性不足，很多新建小区养老服务机构未能落实。另外，在养老设施本身的设计及周边环境的设计方面，我国仍然处在比较粗放的阶段，尽管养老设施的有无问题尚未完全解决，但对于精细化、人性化的设计仍应努力追求。

三、养老设施配套的发展趋势

结合国内外的案例及相关资料，养老设施配套的发展趋势主要有以下三个方面。

1. 重视社区层面的养老设施

在我国"9073"养老国策中，居家养老和社区养老均需利用社区养老设施及社区服务机构提供的生活照料、医疗保健、文化活动、体育健身等服务。社区在养老体系中扮演着重要的角色。另外，老年人活动能力有限，步行范围的社区就成为老年人日常活动和接受各类服务的最方便、最频繁的所在。目前国外针对老年人的健康医疗问题，主要采取的是"削减大医院，发展社区服务"的策略。欧洲诸国提倡多发展位于照料需求者附近的、更家庭化服务的社区服务设施。

2. 设施配套与管理主体衔接

在我国现行的行政管理体制中，民政部门是以街道一社区为基本单位制定老年服务的相关政策和设施布局，街道办事处和社区的行政管理单元的特点使

之具有比居住区这一仅仅是规划范围的概念具有更加明确的地理空间边界和事权管理主体，因此，街道办事处和社区具有更好地组织、落实以及管理老年人设施的作用。

3. 老年人设施与老人健康状况对应

社区中老年人的情况差别较大，香港、日本等国家/地区的养老服务设施根据老年人的身体状况对服务设施有细致的分类，按照老年人的自理程度来划分老年人设施；而英国政府早在1986年就开始采用国际慈善机构（HTA）制定的标准，按收住老人的健康状况和应提供的服务水平，相应地把老年居住建筑分为七类。这样，各种健康水平的老年人都能找到与之相适应的养老服务，避免资源的浪费。从老年人群体最需要的服务设施看，应该优先发展护理型养老机构，但是目前还缺少鼓励举办护理型养老机构的优惠政策。

四、养老设施配套的指导原则

通过对老年人设施存在的问题和今后发展趋势的分析，社区养老设施配套应遵循以下三个原则。一是保障"最"需求的原则。老年人口群体庞大，而社会福利资源有限，就需要将有限的福利资源最大限度地覆盖到那些最需要的老年群体，主要是失能老人（特别是完全失能老人），低收入老人及失独老人等。另一方面，应当积极鼓励民间机构及个人发展老年人设施，照料更多有需求的老人。二是与管理主体衔接的原则。老年人设施的配套应当考虑我国现行的街道办事处一社区的基层管理体制，使老年人设施有更好的落实、管理、监督的主体。三是规范标准相互协调的原则。老年人设施的配套应综合考虑各个规范标准的相关要求，使重要概念及相关指标得到澄清或协调。

五、养老设施的配套建议

1. 养老设施配套的影响因素

（1）服务半径对养老设施配套的影响

《城镇老年人设施规划规范（GB50437—2007）》及《城市居住区规划设计规范（GB50180—93）》基本是按照居住区一居住小区的分级模式来提出老年人设施的配套。居住区一居住小区的划分很大程度上是建立在服务半径的概念上，即一定范围内应当配置一定的服务设施。另一方面，老年人体力衰退，空间活动范围受到限制，因此，日

常生活中使用频率较高的设施，如老年服务中心、老年人日间照料中心等，其服务半径宜控制在步行距离之内，以步行3～5min为宜。其他使用频率不高、以入室服务为主以及居留为主的老年人设施，服务半径可适当扩大，包括护理院、养老院等。

（2）管理体制对养老设施配套的影响

我国的基层管理是以街道一社区模式来实现的，它所管辖的人口规模与居住区规划中的居住区一居住小区层级所对应的人口规模大致接近（1个街道办事处管辖的人口约在10万人以内，1个社区管辖人口0.6万～1.2万；1个居住区的人口约3万～5万，1个居住小区人口1万～1.5万），但前者的管理边界与后者的规划边界并不一致。尽管规划边界可能在设施的服务半径上更多照顾了居民的便利，但很可能设施与其所服务的居民并不在一个街道辖区内，这对设施的落实及管理带来一定影响。建议规划范围与行政边界应尽可能对应。

（3）经营模式对养老设施配套的影响

鼓励社会力量关注养老服务设施，其可经营性是一个很重要的考虑方面，具有一定盈利能力或自身平衡能力的设施是吸引社会力量、民间力量投资的重要因素。对于一定的经营方式而言，维持一个机构的正常运转，就需要一定的经营规模，过小不利于形成规模效应并可能造成资源浪费。例如合肥市近年每年都有规模为几十张床位的小养老院关门歇业，而与之形成鲜明对比的是，上规模的养老院越办越红火，有的养老院床位甚至达到上千张。但规模过大一方面不利于民间资本的进入，另一方面也不利于老年人与其他年龄段的人接触。因此，维持适宜的规模很重要，北京市居住公共服务设施规划设计指标中对养老院的最低规模给出不低于120床的规定；深圳市城市规划标准与准则要求养老院的一般规模宜为200～300床；《老年养护院建设标准》则规定最低建设规模不小于100床。《2009年民政事业统计报告》显示，全国老年人的收养机构有将近4万家，总床位数为266.2万左右，平均每家机构将近67床。

（4）人口结构对养老设施配套的影响

我国幅员辽阔，各地情况千差万别，各地区老年人口的比例、老年人的收入水平都有不同，比如上海的老年人口比例始终高于全国8%～10%，而深圳则尚未进入老龄化社会，又如2010年全国老龄办和中国老龄科学研究中心开展的全国失能老年人状况专题研究显示，不同地区的完全失能老人的比例有很大不同，东北地区完全失能老年人的比例最高，为8.8%，其次是西部地区和中部地区，分别为7.4%和6.7%，而东部地区完全失能的比例最小，为4.8%。

老年人口比例的多寡会影响社区老年人设施规模的大小，而收入水平的高低会影响老年人口接受老年人设施服务的意愿及档次的高低，从而影响到老年人设施的配套。显然，用一个全国统一的标准和口径指导老年人设施的配套并不科学，各地可以结合国家规范，根据各地实际情况，制订与本地区相适应的配套标准细则。

2. 各类老年人设施的配套建议

按照《城市居住区规划设计规范》（GB50180—93）的规定，一个居住区的人口约3万～5万人，一个居住小区的人口约1万～1.5万，分别大致相当于一个街道和一个社区管辖的人口（建议未来将管理概念的街道、社区和规划概念的居住区、居住小区对接起来），另外《城市居住区规划设计规范》（GB50180—93）中提到的居住组团的人口为1 100—3 000人。我国2010年进行的第六次人口普查显示，全国60岁及以上人口已占总人口的13.26%。据预测2020年我国老年人口的比重将达17%，2050年这一数字将是惊人的30%。如果按照20%的比例来计算老年人口，则一个居住区（街道）的老年人口为6 000～10 000人，一个居住小区（社区）的老年人口为2 000～3 000人左右，一个居住组团的老年人口为200～600人。设施配套所对应的老年人口可参照此规模。老年学校主要在区级和市级层面设置，基层的教育功能可以结合在如老年活动中心（站）等其他老年人设施中；居住组团规模较小，没有必须要设置的老年人设施，但应尽量设置与老年人日常生活特别密切的设施；此外，养老院和老年公寓承担的功能是大体相同的，二者可以只在居住区（街道）层面设一种即可。

若按照"9073"养老国策，则可以把老年人设施划分为社区老年人设施和机构老年人设施。老年人护理院、养老院和老年公寓属于机构养老设施，老年人一般需居留其中（服务半径可以较大），若保证这类养老机构的运转经济，其需要一定的经营规模，因此，这类设施较适宜在居住区级别来设置；老年人日间照料中心和老年服务中心的功能一般是满足老年人最基本的需求，是最贴近老年人日常生活的

设施，较适宜在社区级层面来设置（在步行距离范围内），这类设施可称为社区养老设施。老年学校和老年活动中心这两类不属于养老设施的老年人设施主要针对健康老人，可归类为辅助老年人设施，其包括两个层面的内容，一是满足老年人最基本的文化娱乐需求（如书报阅览、棋牌、茶座等内容），这些功能应当在社区级层面来满足，通常占地较小，二是满足老年人更高的文化娱乐需求的功能，如书画、老年人室外活动场（门球场）、教室、演播厅、舞厅等，这些功能宜在更高级别的街道级层面设施中来满足，通常占地较大。

综合以上分析并参考《城市居住区规划设计规范》（GB50180—93）、《城镇老年人设施规划规范》（GB50437—2007）等标准规范的配套要求，对各类养老设施以及老年学校、老年活动中心等其他老年人设施的配套要求建议如表1。

六、养老设施的指标建议

1. 关于机构养老设施

一个5万人左右的街道（居住区），按前述老年人口占20%的比例计算，老年人口约1万人，如果3%的老年人通过机构来养老，就意味着其中300人左右会进入护理院、养老院或老年公寓这些机构养老设施；7%的老年人通过社区来养老，则将有700人左右通过老年人日间照料中心、老年服务中心等社区养老设施来养老。

2010年末全国城乡部分失能和完全失能老年人约3 300万，占总体老年人口的19.0%。其中完全失能老年人1 080万，占总体老年人口6.23%。按此比例，一个5万人左右的街道（居住区）中，部分失能和完全失能老人约1 900人，其中完全失能老人623人，机构养老设施和社区养老设施能够完全覆盖这部分人，同时能够覆盖部分失能老人中的一部分。

按照国际通行的日常生活活动能力量表（ADLs）"吃饭、穿衣、上下床、上厕所、室内走动和洗澡"六项指标，一到两项"做不了"的，定义为"轻度失能"；三到四项"做不了"的定义为"中度失能"；五到六项"做不了"的定义为"重度失能"。完全失

能老年人中，84.3%的为轻度失能，中度和重度失能的比例为15.7%（分别为5.1%和10.6%）。也就意味着，一个5万人左右的街道（居住区）中，中度和重度失能的老人大概会有98人。

通过以上分析，一个5万人左右的街道（居住区），设置一所150床位的老年人护理院和一所150床位的养老院（或老年公寓），大致能够满足最需要的那部分老年人。当然现实中，很多养老机构里，相当大的比例未必是那些更需要的老年人，这一方面需要建立福利设施的准入机制，让更需要的老年人能够优先进入机构养老，另一方面也要制订政策鼓励民间团体和个人兴办养老机构，满足更多老年人的需求。

在建设指标的确定上，《城市居住区规划设计规范》（GB50180—93）规定老年人护理院每床位建筑面积≥30m²，养老院每床位建筑面积≥40m²，用地指标未作规定。《北京市居住公共服务设施规划设计指标》规定养老院每床位建筑面积15～20m²，用地面积25～30m²，容积率0.5～0.8。《深圳市城市规划标准与准则》规定养老院每床位建筑面积≥30m²，用地面积20～25m²，容积率1.2～1.5。在卫生部主编的《综合医院建设标准（建标110—2008）》中，200～300床的综合医院建筑面积指标是每床位应80m²，各类用房占总建筑面积的比例，住院部适宜占39%，即每床位31.2m²（老年人护理院和养老院可参照住院部的指标）。综合以上规定，本着经济舒适的原则，建议老年人护理院和养老院每床位建筑面积≥30m²为宜，而设施容积率差异较大，低至0.5，高至1.5，而现实中建成或在建的养老院（老年公寓）容积率甚至更高。对此，全国情况差异很大，再加上城市中心地区用地紧张，作为福利设施的养老设施取得用地相对困难，若再维持较低的容积率，并不现实。建议对这类机构养老设施只规定建筑面积指标，用地指标可不做要求，但需要老年人设施满足日照、通风等卫生以及活动场地等的要求，达到这些标准，建设强度应当不是主要问题。

老年人护理院和养老院（老年公寓）服务地理范围相同、服务对象接近、服务内容近似，宜组合设置，以利资源集约、共享。

2. 关于社区养老设施

一个1.5万人左右的社区（居住小区），按前述老年人口占20%的比例计算，老年人口为3 000人左右，如果7%的老年人通过社区来养老，就意味着其中210人左右会使用社区养老设施的服务，包括老年人服务中心和老年人日间照料中心。

按照完全失能的老人约占老年人口的6.23%计

表1   养老设施配套表

设施类别	养老设施				其它老年人设施	
	老年人护理院	养老院（老年公寓）	老年服务中心	老年人日间照料中心（托老所）	老年学校（大学）	老年活动中心（站）
街道级（居住区级）	▲	▲			一般教育功能可附设在其他老年人设施内，独立占地的学校可在区级、市级层面设置	▲（老年活动中心）
社区级（居住小区级）			▲	▲		▲（老年活动站）
居住组团级				△		△

算，一个1.5万人左右的社区（居住小区）完全失能的老人约187人，在完全失能老人中，轻度失能老人的比例占84.3%，则为158人（中度和重度失能老人原则上进入机构养老），其中将近100人进入机构养老，则较理想的情况是剩余近60名轻度失能老人进入老年人日间照料中心，则理想情况下老年人护理院、养老院（老年公寓）和老年人日间照料中心可以完全覆盖最需要照料的老人—完全失能老人。按照人均建筑面积10～15m²（参考香港长者日间护理中心调查案例定员人均建筑面积按功能分配表），则一处老年人日间照料中心的建筑面积为600～900m²。与此对照，《城市居住区规划设计规范》（GB50180—93）规定老年人日间照料中心的一般规模建筑面积为600～1 000m²；《城镇老年人设施规划规范》（GB50437—2007）规定老年人日间照料中心的建筑面积不小于300m²；《深圳市城市规划标准与准则》规定老年人日间照料中心的建筑面积为300～450m²。

对于老年人服务中心，按照以上推算，将有150名半失能老年人会需要服务中心的服务。在建筑面积的确定上，由于老年人服务中心主要为居家养老者提供诸如送餐、保洁、助浴、代购、助医、精神慰籍等上门家政服务，设施本身更多是管理性质的辅助用房，因此其建筑面积可参考一般养老设施的行政辅助用房的面积，参照上海《养老设施建筑设计标准》养老设施的行政辅助用房总使用面积甲类平均每床面积不应小于0.50，乙类不应小于0.60，取1平方米/人，则老年服务中心的建筑面积宜为150m²左右。与此对照，《城镇老年人设施规划规范》（GB50437—2007）规定老年服务中心的建筑面积居住区级不小于200m²，居住小区级不小于150m²；《城市居住区规划设计规范》（GB50180—93）中，老年服务中心附设在居住小区的社区服务中心内，总建筑面积规定200～300m²。

老年人日间照料中心和老年服务中心的服务地理范围、服务对象、服务内容接近，只是服务方式不同，宜合并设置，有利于资源的整合。两类设施可以与其他社区级公共设施组合设置，但老年人日间照料中心应设置在建筑的地面层，方便日护老人的每日接送。在用地上，这两类设施可不做要求，满足相关日照、通风、活动等建筑标准即可。

以上是对五类养老设施的指标梳理，至于老年人活动中心（站）和老年学校的相关指标可以参照《城市居住区规划设计规范》（GB50180—93）和《城镇老年人设施规划规范》（GB50437—2007）的相关要求。老年活动中心一般结合居住区活动中心

设置，老年活动站结合居住小区活动站设置，一些设施可以共享，提高设施的使用效率。老年活动中心（居住区级）需要有不小于300m²的室外活动场地，老年活动站（居住小区级）需要有不小于150m²的室外活动场地。独立占地的老年学校（市、区级）包括普通教室、多功能教室、专业教室、阅览室及室外活动场地，设5班以上，建筑面积不小于1 500m²，用地面积不小于3 000m²。

综上，养老设施的指标建议见表2。

七、结语

本次养老设施的配套研究是基于我国"9073"养老格局的基础上，保障的是基本养老需求，对于更多、更高的养老需求还要通过市场化方式来补充。另外，我国各地的情况千差万别，用一个统一的标准规范这种差异并不科学，因此，这个标准应尽量规范的是普适性的内容以及防止最不利局面的出现。最后，养老设施的配套一直以来相对被忽视，配套标准的适用性、合理性还需要大量实践的校核并不断修正。

注：本文根据民政部"国家社会养老综合信息服务平台建设研究及应用示范工程"之子课题"社区养老设施及场地规划技术研究/2012BAK18B03-01"整理。课题成员除三位作者外，还包括何凌华和顾宗培，在此也感谢她们对本文的帮助。

参考文献

[1] 老年人居住建筑设计标准（GB/T 50340—2003）[S]，2003.

[2] 社区老年人日间照料建设标准（建标143—2010）[Z]，2011.

[3] 城镇老年人设施规划规范（GB50437—2007）[S]，2007.

[4] 城市居住区规划设计规范（GB50183—93）2002修订版[S]，2002.

[5] 养老设施建筑设计标准（DGJ08—82—2000）[S]，2000.

[6] 李学斌. 我国社区养老服务研究综述[J]. 宁夏社会科学，2008（146）.

[7] 项智宇. 城市居住区老年公共服务设施研究[D]. 重庆大学，2004.

[8] 徐丹. 社会化养老模式下的规划应对[C]//2009年城市规划年会论文集. 北京：中国建筑工业出版社，1999.

[9] 王玮华. 城市住区老年设施研究[J]. 城市规划，2002（3）.

作者简介

蒋朝晖，中国城市规划设计研究院，教授级高级城市规划师；

魏维，中国城市规划设计研究院，城市规划师；

魏钢，中国城市规划设计研究院，城市规划师。

表2　　　　　　　　　　　　　　　　　　养老设施的指标建议

	设施类别	主要服务对象	主要服务内容	服务规模（人/处）	设置规定	一般规模	
						建筑面积（平方米/处）	用地面积（平方米/处）
养老设施	老年人护理院	完全失能老人	生活护理、餐饮服务、医疗保健、康复用房	约10 000	不少于150床位；每床建筑面积不小于30m²；可与养老院（老年公寓）合设	4 500	—
	养老院（老年公寓）	轻度完全失能老人	生活起居、餐饮服务、文化娱乐、医疗保健、健身用房及室外活动场地等	约10 000	不少于150床位；每床建筑面积不小于30m²；可与老年人护理院合设	4 500	—
	老年服务中心	半失能老人	家政服务、健康服务、咨询服务、代理服务等	约3 000	宜与老年人日间照料中心合设	≥150	—
	老年人日间照料中心（托老所）	轻度完全失能老人	休息室、活动室、保健室、餐饮服务用房等	约3 000	宜与老年服务中心合设	600～900	—
其他老年人设施	老年学校（大学）	自理老人	普通教室、多功能教室、专业教室、阅览室及室外活动场地等		（1）应为5班以上；（2）应具有独立的场地、校舍	≥1 500	≥3 000
	老年活动中心	自理老人	活动室、棋牌室、教室、阅览室、保健室、室外活动场地等	约10 000	设大于300m²的室外活动场地	≥300	
	老年活动站	自理老人	活动室、棋牌室、阅览室、室外活动场地等	约3 000	附设不小于150m²的室外活动场地	≥150	

探索中国特色的养老地产模式
——浅谈三种可持续发展的养老地产模式

Exploring the Mode of Senior Housing Real Estate in China
—Analysis of Three Sustainable Development Model

蒋亚利
Jiang Yali

[摘　要]　通过大量的养老地产项目案例的研究与探索，分析影响养老地产项目开发的三个关键要素，通过探究三要素之间的关联性以及相互间的逻辑关系，总结出三种具有可持续发展的养老地产模式：全龄混合养老社区、旅游度假养老社区和医养机构综合体。

[关键词]　养老服务；可持续发展；居家养老；通用设计；多元化

[Abstract]　Through analyzing plenty of housing real estate cases, we found three key elements influencing housing real estate development. And we concluded three sustainable development modes: all-age mixed community, resort retirement community and medical endowment complex.

[Keywords]　Pension Service; Sustainable Development; Home-based Care; Universal Design; Diversification

[文章编号]　2015-65-A-016

一、养老地产的概念

首先什么是养老地产？简单地说养老地产就是为老年人提供养老服务实现养老功能的地产项目。由于养老的社会公益属性注定了养老地产与其他纯商业化的主题地产相比，多了一条与众不同的标签。对于养老地产这个具有社会公益底色的地产，如何把握它的本质与核心是养老地产健康长足发展的关键。

"养老服务"是养老的核心，养老地产的核心同样是养老服务，如何找到真正的养老服务需求，并提供优质的养老服务是项目开发的核心问题。养老服务涵盖了老年人所有的生活需求，其中包含了诸如医疗、餐饮、家政、金融、休闲娱乐、老人用品等相关的服务，但这些都可以看作是相关服务行业的一个细分领域。而老年照料和护理，却是养老服务中最本质最核心的服务内容。这里的照料与护理也就是英文"care"含义，是我们在国际交流中最常看到的一种英文的表达，例如：持续照料退休社区Continuing Care Retirement Community；居家养老 Home-based care等。所以现阶段真正意义的养老地产核心就是：以老年照料和康复护理为核心的符合老人真正需求的养老服务。

二、养老地产的开发模式

国务院《关于加快发展养老服务业的若干意见》以政策性的指导，明确了养老服务业的市场化、产业化方向。养老地产同样需要市场化运作，才可以健康可持续地发展。

随着市场化的逐步深入，养老地产如何通过市场机制明确自身定位，让更多的社会力量在为养老产业发挥作用的同时，具有可持续发展的商业盈利模式。

通过不断的实践探索以及诸多养老地产案例分析研究，围绕着养老地产养老服务的核心内容，我们总结了养老项目开发的三要素：产品区位、客户群体、盈利模式，并根据三要素之间必然的逻辑关系，开发出适应于不同项目的规划模型。其中，重点设计研究了三种最具有广泛市场价值的养老地产模式：（1）全龄混合养老社区；（2）旅游度假养老社区；（3）医养机构综合体。

三、全龄混合养老社区

下面将针对"全龄混合社区养老模型"中关于"全龄"概念的两个层次来介绍什么是全龄混合养老社区。

1."全龄"是指社区人口结构是全年龄段的，也就是包含孩子、年轻人、中年人和老年人

全龄社区模式通过整合养老、教育、医疗等资源，提供了一个解决子女教育、父辈养老、自身养老等多重需求的宜居社区。而作为养老核心内容，社区设置一定规模的持有经营的养老服务设施，一方面养老设施有长期入住的老人，同时它还承载着社区内部甚至社区周边范围居家养老的输出服务的功能。这里养老设施的内容以及功能布局是整个驱动项目开发的核心。以养老为核心，我们在全龄混合社区里植入其他社会资源优势用以提高产品的竞争力。例如环境、医疗、教育、服务等。这里我们特别强调教育资源的利用，因为我们希望在全龄混合社区模式下，能够将子女教育问题和老人赡养问题以及置业问题通过我们的设计一站式解决，这必将给项目带来更多更有力的市场竞争力。

同时我们也关注到，不同阶段老人从生活方式到心理状态的不同，健康老人和失能老人从心理上是明显排斥的。养老群体心理敏感，不同的群体之间既要有关联又要有区隔。因此我们养老产品的设计针对不同的养老物业，产品涵盖了适老化通用住宅、老年公寓和持续照护机构。

2."全龄"是指通过适老化通用住宅的方式建立全生命周期概念的居住环境主体

全龄社区养老住宅产品中，设计了最具创新的适老化通用住宅。普通社区住宅是目前构成居家式养老居住环境的主体，居家养老希望对适老化通用住宅形成有力的支持。适老化通用住宅就是在住宅开始设计和建造时，就把老人的各种需求考虑进去，这种设计是自然的、非刻意性的。通过"不露声色"的设计去满足不同人的需要。这消除了人们对自己年龄的担心和恐惧心理，以及对由于体力的衰退而从人际关系中被分离出来的担忧。消除社会潜在年龄歧视。所以

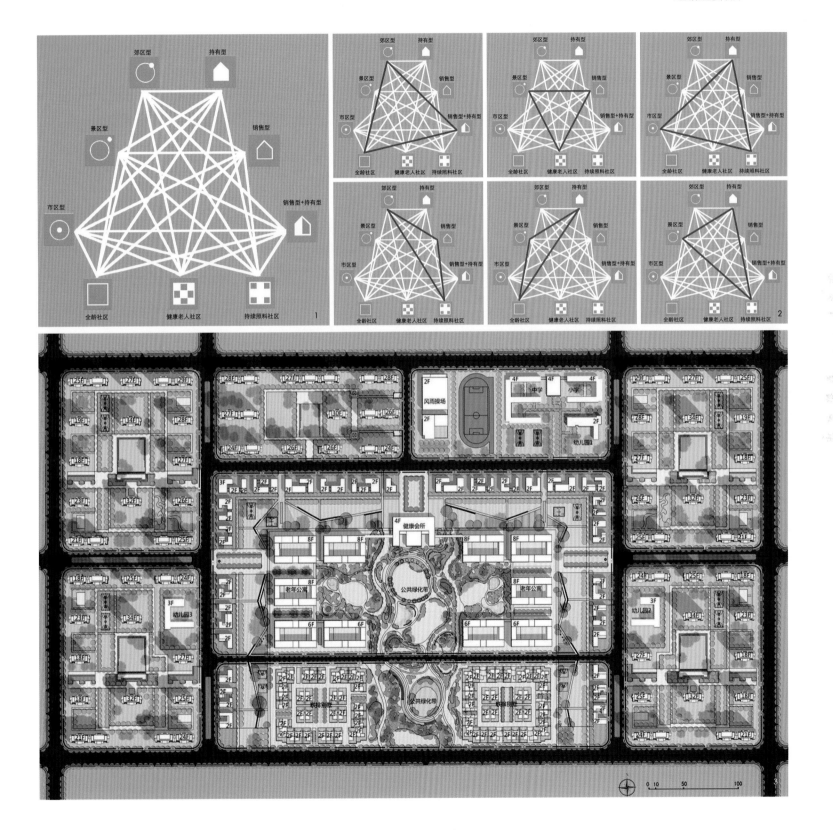

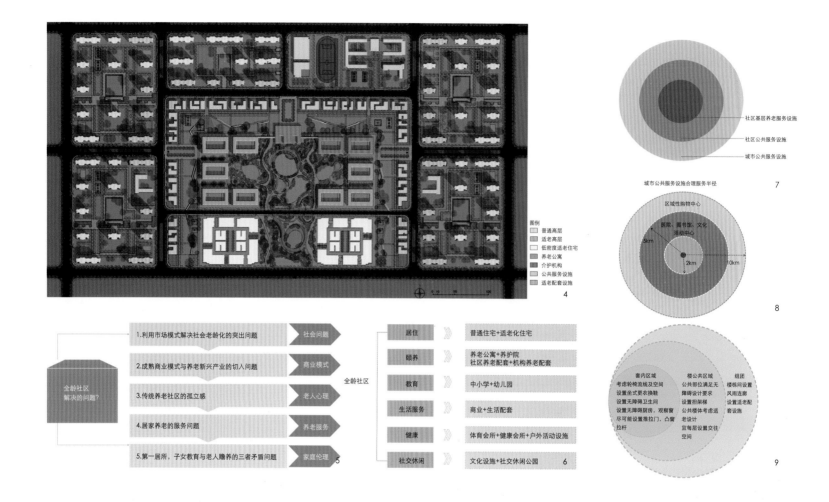

我们重视产品的潜伏性设计，随着老人年龄的变化，生理由自理进入介助，整个居住环境能依据不同条件进行改装，从而动态地适应人们生理和心理的变化。使居住者在没有跨入老年时仍然保持年轻人或中年人的习惯使用住宅。

全龄社区的适老化通用住宅我们开发了两种主要形式：一种为"一生之宅"，另一种"1+1"两代居的亲情户型。适老化通用住宅满足大多数人在不改变现有居住环境的前提下，维持原有的生活习惯和人际关系就地养老的需求。

3. 通过全龄混合社区模式，有效解决了各方利益主体的相关诉求

（1）政府

符合国家养老产业政策，在解决城市化发展的同时，解决社会民生问题。相对于孤立分散的养老机构，更能发挥国家"机构为支撑"的政策作用。全龄社区集中的养老设施承载了整个社区乃至周边社区的养老服务照顾体系的功能。同时通过完善的养老及其他配套设施可以提高周边的土地价值。

（2）投资人

当前国有垄断占绝大多数市场，投资渠道狭小，作为可持续投资及持续收益的养老产业项目，更容易获得各级政府的政策金融税收的支持。养老持有型物业，是后期持续融资的有效工具，同时又是一个长期稳定的收益型产品。

（3）开发商

当前房地产市场持续打压的形势，养老地产项目可有效地回避调控风险，参与民生建设，获得各级政府的支持，销售型和持有型物业相结合的模式可以获得现金流和总体利润的平衡。同时持有型物业也是开发商后期持续融资的一个有效工具。

（4）运营商

通过各方的强强合作，更容易获得市场准入的机会，在专业化分工的基础上可以实现规模化的运营。同时整个社区乃至周边社区为居家养老的输出服务提供了长期稳定的市场。

（5）购房人

有效地解决老人养老问题，保持家庭内部成员的和谐关系，同时还解决了子女教育以及置业购房的问题。

全龄混合养老社区的模式是解决中国养老地产规划设计过程中一种有效的探索。

四、旅游度假养老社区

全龄混合养老社区有效地解决居家养老。随着经济与文化的不断发展，多元化的养老格局必将到来。

"真正的人生从五十开始。"很多这样的老年人，在摆脱了工作和儿女的束缚之后，都会选择旅游来弥补人生的缺憾。如何面对这个越来越庞大的消费群体？

让我们再回到养老地产的核心——养老服务，这恰恰是旅游养老地产的最大挑战，如何有效提供真正所需的养老服务同时提供高品质的精神生活，是旅游度假养老社区的核心。

现阶段我们研究的有效的模式可分为"离城

图例
■ 护理单元
▨ 居住单元
▨ 辅助及其他

10

4.全龄社区一功能分区　　　　　9.适老化住宅设计原则
5.全龄社区解决的五大核心问题　10.介护机构
6.全龄社区的六大产品组成　　　11.老年公寓卧室
7.全龄社区各级服务设施组成　　12-13.老年公寓客厅
8.城市公共服务设施合理服务半径

型"和"疗养型"。

"离城型"一般选址在距离城市一小时车程左右的郊区，有着与城市截然不同的资源环境，或山或水或森林。由于"离尘很远，离城不远"的优势，在提供优质的环境资源同时，依托城市的公共服务配套设施，通过完善自身社区养老服务，建立较为完备的养老服务体系。此种模式也为一些有异地养老意愿的老年人，却限于种种原因不能长期离开子女，提供了养老方式的选择。养老服务定位准确与否是此类项目成功的关键。

"疗养型"模式多为大型的养老基地，利用宜人的自然气候和生态环境给老年人以舒适的享受。这种模式针对的往往是年龄偏大或身体健康程度有所下降的老年人，以保健疗养为主。一般以出售带有产权的房屋为主，房屋作为老人第二甚至第三居所，但由于老年人会居留较长时间，因此此类物业是以长期居所看待，应建设足够的生活配套，包括各类娱乐设施等。同时由于此类老年客群健康程度不乐观，养老护理医疗服务的建立与运营管理是项目的核心内容。

五、医养机构综合体

市区由于便捷的生活配套及居家养老的总体需求，使得市区养老地产的主要客户对象是业内称之为"刚性需求"的失能、失智老人。针对这部分老人的医疗护理需求，瞄准当前医疗机构不能长期养老、养老机构缺乏专业医疗照护的市场空白，建立医养结合的养老项目是市区养老地产主要发展方向。

因此医养结合养老机构重点强调老年照顾中的医疗和照护两个方面，并将医疗放在更加重要的位置上。区别于传统的生活照料养老服务，不仅包括日常起居、文化娱乐、精神心理等服务，更重要的是包括医疗保健、康复护理、健康检查、疾病诊治、临终关怀等专业医疗保健服务。医养结合是大趋势，但结合可以是创新的多样化形式。

六、小结

快速老龄化的中国的养老产业目前面临这诸多

的问题，养老不仅仅是解决失能老人的问题，更需要我们解决的是健康活力老人幸福晚年的生活问题。这个巨大的市场和始终存在争议的话题将一直是我们未来关注和研究的重点。希望我们的努力能够成为推动养老行业发展的正能量。"老吾老，以及人之老；幼吾幼，以及人之幼。天下可运于掌。"

关注老年就是关注我们的未来。有位佛学大师说："我的人生是从五十岁开始的。"五十是百年马拉松的折返点。我们坚信未来的我们"百年马拉松"的后半程是最精彩的人生。

作者简介

蒋亚利，国家一级注册建筑师，国内著名养老地产设计专家。

专题案例
Subject Case
养老设施布局专项规划
Endowment Facilities Layout Special Planning

浦东新区养老设施规划的探索与思考
The Research on the New-type for Aged Care Facilities Planning in Pudong District

罗 翔 严 己
Luo Xiang Yan Ji

[摘　要]　人口老龄化趋势对城市规划工作提出挑战，本文以浦东新区养老服务设施规划为例，探讨大都市发展养老设施的新模式：在调查分析老年人日常行为和需求的基础上，探索符合浦东新区实际的养老设施体系和规划指标，以及空间布局方案和实施策略；并对浦东模式的内涵进行解析，提出进一步完善养老设施规划的若干思考。

[关键词]　养老设施；空间规划；实施机制；浦东模式

[Abstract]　Urban planning is now facing the challenge of trend of population aging. In case of aged care facilities planning in Pudong, Shanghai, the paper explores a new model of development facilities for the elderly: by surveying behavioral ways of the elderly and needs analysis based, propose the actual pension systems and facilities planning targets for Pudong, also as spatial layout and implementation strategies; furthermore parses the meanings of Pudong model and improves the next thinking.

[Keywords]　Aged Care Facilities; Spatial Planning; Implementation Mechanism; Pudong Model

[文章编号]　2015-65-P-020

1.不同收入被调查老年人出行方式
2.浦东新区老年人出行活动空间模式
3.机构养老设施"多级网络化"示意图
4.居家养老设施"中心发散式"示意图

一、规划背景

人口老龄化（Population Aging）是当今世界共同面临的全球性社会问题，上海既是我国最早进入老龄化社会的地区，也是老龄化程度最高的地区。2010年第六次人口普查数据显示，长期以人口导入为主的浦东新区，户籍人口老龄化率业已达到22%，常住老龄人口数量超过70万。浦东的老龄化形势呈现出以下4个新特点：（1）人口老龄化趋势在加速，社会养老福利事业的压力越来越大；（2）家庭人口规模缩小，近20年户均人口由3.11人降至2.68人，直接导致家庭赡养能力减弱，养老压力向社会转移；（3）70岁以上高龄老人比重增加，由1990年的29.7%上升到2010年的37.3%，加剧了社会养老需求压力；（4）受生育政策和社会流动的影响，空巢家庭数量增多，独居老人比重上升。

鉴于社会对养老服务设施的需求日益增长，浦东新区民政局和老龄委共同委托浦东新区规划设计研究院编制《浦东新区养老设施规划》。该规划2008年启动，其间历经浦东与南汇"两区合并"，于

2011年形成覆盖全区规划面积1 405km²的成果，对于探索具有浦东特色的养老服务社设施发展模式，宏观控制、微观指导养老设施建设，起到积极作用。

二、基于老年人行为调查的设施需求分析

合理科学的规划必须建立在周密详实的调查分析基础上，老年人日常行为特征和生活所需是本次规划的出发点。为此，前期展开了《浦东新区老年人日常行为与设施需求调查》。调查对象覆盖浦东新区9个综合片区，兼具中心城区、近郊区、远郊区、开发区、新城、新农村等不同城市空间类型，回收有效问卷600份。调查分析表明，浦东新区老年人日常行为特征及设施需求主要表现在以下四个方面。

（1）老年人购物活动频率较高，平均每周5.6次，出行距离较短，在距自家0.5km范围内集中了约80%的购物活动，基本围绕居住小区内或周边的商业服务设施展开。休闲活动（包括康体、娱乐、学习等）频率次之，平均每周4.2次，大多数活动发生在社区内。就医活动的平均频率为2.2次/月，多数集中

在社区医院。交通方式以步行为主，其次是依赖公共交通出行（表1）。

表1　浦东新区老年人日常行为特征

特征\行为		购物	休闲	就医
发生频率	≤5次/周	35.8%	53.7%	97%[1]
	>5次/周	64.2%	46.3%	3%
出行距离	≤0.5km	78%	75%	84%
	0.5～2km	17%	14%	
	>2km	5%	11%	16%
消费水平	消费金额（元/月）	817	112	157
	所占比重	75.2%	10.3%	14.5%
交通方式	步行	82%	63%	68%
	乘车	18%	37%	32%

注1：就医活动的计算频率为次/月，表格中数据已换算为次/周。

（2）年龄、性别、收入水平、职业背景对老年人的各类日常行为有程度不一的影响，表现在出行频

率、距离和消费能力等方面。总体而言，从"单位人"向"社会人"的角色转变过程中，老年群体的基本活动空间与消费意愿受限，设施需求的类型和层次也较非老年群体存在较大差距。

（3）老年活动空间的一般模式为"家庭—居住小区—社区—功能区域"。家庭是老年人最重要的活动空间；社区则是基本活动空间，集中了约80%的活动。问卷和访谈还显示，绝大多数老年人（超过九成）拒绝离开家庭和原来的社区到新环境养老，上述空间模式将在相当长的时期内延续，因势利导、合理规划，符合当前社会经济发展水平；也符合传统文化认知与社会心理需求。

（4）社区作为老年人生活最基本的空间单元，在满足老年人基本生活需求上，具有决定性的作用。居家养老为主的现状对社区服务提出了多种迫切需求：加大社区助老服务设施建设，特别是日间护理中心、托老所等专门的照料机构；完善社区助老服务照料体系，为老年人提供良好的生活环境和日常照料服务；拓宽和增加服务范围和内容，解决老年人吃饭难、就医难、无人照料等诸多问题。

三、符合浦东实际的养老设施指标体系

基于以上分析，本规划确立浦东新区养老服务设施体系由两部分组成：（1）以家庭为基本单元、家庭成员赡养为主的家庭照料方式，约占总数的90%；（2）以机构养老服务（占3%）和社区居家养老服务为主的社会化照料模式（占7%），这是本次规划的重点关注对象。

其中，机构养老服务指政府主导的社会化养老机构，有助养照料型、生活护理型、社会公寓型等形式；居家养老服务指依托养老机构和社区资源，上门服务或日间照料（日托），为老年人提供助餐、助浴、助洁、助行、助急、助医等专业化服务。"居家"意味着并没有脱离家庭，"服务"则代表老年人可以得到社会化的生活照料。考虑到场地要求和成本门槛，本规划尝试提出设置"居家养老综合服务中心"，除上述"六助"，还可兼顾教育培训、体检康复、权益维护、社团活动、信息交流等功能。

确定具体规划指标时，除参照相关设置规范和民政部门的指导意见，还结合浦东新区地域范围广、老年人口多、各片区社会经济发展不平衡、中心城内外人口密度差异大的实际情况，提出既深入细化以满足当前需求又适度超前富有创新意义的指标体系（表2）。

（1）对规范中的"居住区级"和"地区级"机构养老设施指标，在保持总量不变前提下进行分解微调。中心城内适度提高容积率，尽量满足本地就近入住的养老需求；中心城外有条件的地方，扩大用地面积，减低容积率，实现规模发展的同时，也为老年人创造优质环境条件。

（2）增加"区级"机构养老设施，每150万人设置一处，主要位于外环线以外的近郊区和远郊区，缓解用地紧张的中心城区机构养老压力，探索功能区域之间异地安置机制。

（3）"居家养老"的新理念及其设施需求，既有规范中的"托老所"尚不能完全体现。本次规划提出居家养老服务的综合服务中心，在若干个规划编制单元形成的居住组团设置一处，大致与街镇的范围相一致，其服务覆盖尺度介于地区与居住区之间，使之既根植于社区，又能发挥规模效应。

四、"网络化"与"发散式"相结合的空间布局

养老设施的空间布局，应与城市发展方向和服务人群居住格局一致，三者有

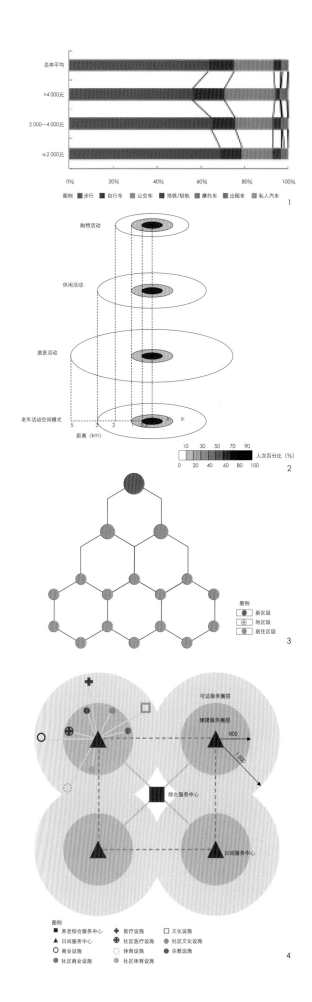

图例
- 新区级
- 地区级
- 居住区级

图例
- 片区范围线
- 街镇界线
- 规划道路
- 水域
- 规划居住用地
- 城市公共绿地
- 社区居家养老综合服务中心
- 日间服务中心

5. 浦东新区机构养老设施规划图
6. 浦东新区居家养老设施规划图
7. 洋泾模式—内环以内居家养老服务设施设置模式
8. 三林模式—内外环之间居家养老服务设施设置模式
9. 川沙模式—外环以外居家养老服务设施设置模式

机组织、均衡适配,从而充分发挥养老设施功能。按服务类型,浦东新区养老设施的空间布局模式,主要有两种。

(1)机构养老设施设置"多级网络化":分"区级—地区级—居住区级"三级,其中,以地区级设施为核心,形成层级制网络化空间格局,确保机构养老服务覆盖率,符合所在区域的人口发展要求。浦东新区总体空间结构分主城区、中部城镇群、临港新城三大地带。从居住分布和人口密度看,主城区人口密度最高,应紧密结合需求布局;未来人口导入主要集中在中部城镇群的新市镇和大型居住社区,应集中设置避免分散;临港新城尚在建设起步阶段,是未来疏导方向,可合理布局高层次公益性机构养老设施。

(2)居家养老设施设置"中心发散式":根据前期调研,老年人日常购物、娱乐、就医活动对设施的服务半径需求集中在社区范围内(0.5~1.5km)。规划每个街镇设置一处居家养老综合服务中心,街镇内以居住小区为基本单位设置日间照料中心,处于核心地位的综合服务中心,向街镇内若干个日间照料中心提供管理和服务,形成功能上的辐射与交流。与居民日常生活联系密切的居家养老设施有别于机构养老设施,使用频率较高,服务范围受限,宜均匀分布,不宜异地安置,因此要充分考虑便捷性和可达性,规划合理的服务半径和覆盖范围。

五、因地制宜与综合设置相配套的实施策略

浦东新区地域面积广阔,区域发展差异大。中

表2 　　　　　　　　　　　　　　　浦东新区养老设施体系与规划指标

体系\指标			用地面积(m²)		建筑面积(m²)		容积率		床位数/入托数	
			规范	规划	规范	规划	规范	规划	规范	规划
机构养老设施	居住区级	中心城内	4 000	4 000	4 200	6 000	1.05	1.5	150	240
		中心城外	4 000	5 000	4 200	6 000	1.05	1.2	150	240
	地区级	中心城内	5 000	5 000	7 000	7 500	1.4	1.5	250	300
		中心城外	5 000	6 500	7 000	7 500	1.4	1.15	250	300
	区级(新增)		——	20 000	——	25 000	——	1.25		600
居家养老设施	日间照料中心		1 000	1 000	1 000	1 500	1.0	1.5	100	150
	综合服务中心(新增)		——	1 000	——	1 500	——	1.5		150

心城内土地资源紧张、地价昂贵，大型福利设施用地往往无法落地，宜结合成熟社区均质分布居家养老设施；中心城以外的区域，尤其是中部城镇群的新市镇、大型居住区，相对地价较低，和外界联系交通便利，养老设施建设应向集镇和社区集中。

（1）因地制宜发展机构养老设施。用地资源紧张的区域，以改扩建为主，可选择空置厂房、闲置幼托等，通过物业置换、建筑物改扩建，弥补区域内机构设施严重不足的状况；新增综合性大容量的机构养老设施，主要布局在中心城外和中部城镇群地区。

（2）居家养老设施采取综合设置方式。居家养老尚处于起步阶段，设置方式和空间载体形式也在探索研究，特别是规范尚未明确，对该类设施的空间落地、可操作性带来较大难度。本次规划的日间照料中心、综合服务中心以综合设置为主，结合社区卫生服务中心、文化活动中心、社区服务中心等建设，充分利用已有的社区资源，大力发展居家服务设施。

（3）养老设施布局要与周边环境协调。因其服务对象的特殊性，各类养老设施对周边环境有一定要求，应尽可能选择在医疗文化设施、大型绿地周边，避免选择在环境嘈杂的区域，尤其是工业厂区、有污染损害的市政设施周边。此外，还应注重道路交通的可达性，保证对外联系的便捷顺畅。

六、特色与思考

1 综合配套改革试点背景下的"浦东模式"

（1）发展改革部门、民政管理部门与规划土地部门协调合作；综合发展规划、养老专项规划和城市规划（含总体规划和控制性详细规划）"三规合一"并落地实施。在发改委和财政局的大力支持下，新区养老服务覆盖范围从户籍人口扩大到常住人口，并涉及部分外来人口，更趋近于现实需求，也体现了社会和谐与公平的理念。

（2）机构养老与居家养老双轨发展，国家标准与地方特色相结合。居家养老是大都市未来发展养老服务的主导方向，既有规范的缺失亟待改进完善；在实施过程中，自身潜力挖掘与新开发建设应双管齐下。

（3）中心城内外因地制宜区别发展。中心城重点发展居家设施、中心城外小型专业设施、大型综合性设施；各功能区域机构设施资源共享，尝试区域协作、异地平衡的模式，人口稠密区域的机构设施需求可采用转移支付的形式，设置在空间资源丰富的功能区域。

（4）以政府为主导，社会力量参与建设的多元投资模式，包括财政拨款、社会福利基金、社区服务业收入、组织和个人捐赠以及按有关规定筹集资金等不同渠

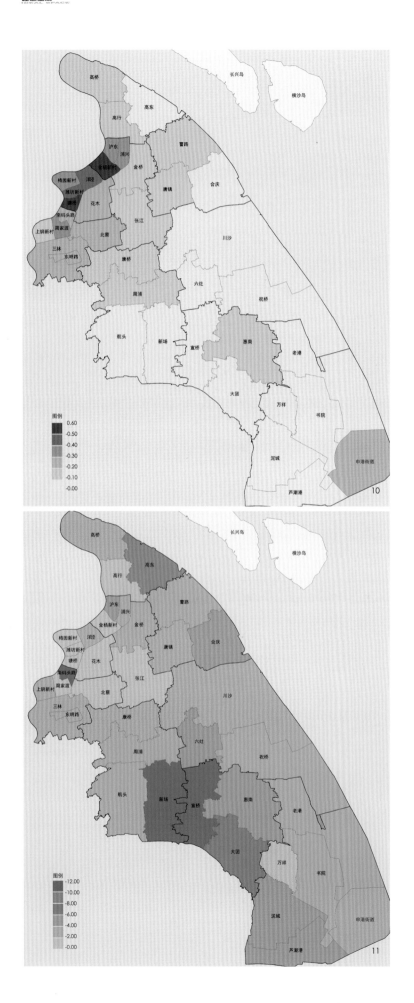

道，鼓励市场力量投入养老服务设施发展。

2. 进一步完善养老设施规划工作的若干思考

（1）供给方式上，目前国内的社保体系和养老服务设施建设以"属地化"为主，浦东新区养老设施规划倡导的惠及全区范围内常住老龄人口的模式，在实施过程中，难免出现"下改上不改"的困境，遭遇政策和资金的瓶颈，应当在更大空间尺度上平衡，采取更加灵活的财政转移支付手段，以实现可持续的公平发展。

（2）设施配置上，除大力倡导便捷化无障碍设施，还要关注老年人的精神需求。居家养老设施结合城市绿地系统、城市开放空间，使老年人走出社区，融入社会；机构养老设施靠近幼儿园、中小学校，增加老年教育设施和宗教设施，给予老年人心灵关怀。调研发现，老年人特别是高龄老人，男女性别比悬殊（如2010年浦东范围内共有百岁老人137位，其中104位为女性），如何满足不同需求，值得规划工作者进一步思考。

（3）政策配套上，以住房政策为例，调研显示，75%的老年人倾向于居家养老，其主要载体住宅成为发展这一养老模式的重大障碍；此外，对老年公寓的需求日益增长，开发动力却明显不足，政策缺位是原因之一。完善养老保险体系、培育养老地产新兴市场、以"倒按揭"盘活存量资源，是下一步工作的突破口。

注释

[1] 本项目有一定的特色，曾获2009年上海优秀规划设计一等奖、全国三等奖。

参考文献

[1] 上海市浦东新区规划设计研究院. 浦东新区养老设施规划[R]. 2011.

[2] 吴庆东，张龄，冉凌风. 城市老社区公共服务设施发展困境与优化对策研究：以陆家嘴地区为例[J]. 上海城市规划，2012（1）：49－54.

作者简介

罗 翔，上海市浦东新区规划设计研究院，高级工程师；

严 己，上海市浦东新区规划设计研究院，工程师。

10.浦东新区老年人口密度分布图
11.机构养老床位覆盖率

武汉市老龄社会发展现状及规划应对策略研究
——以《武汉市养老设施空间布局规划》为例

Research On the Current Situation of the Aging Society in Wuhan and Planning Countermeasures
—Based on Spatial Layout Planning of Facilities for the Elders

郑彩云
Zheng Caiyun

[摘　要]　本文从武汉市老年人口发展趋势预测入手，评估了养老服务设施的建设成就和存在的主要问题，对养老服务需求进行了预测。同时，在有效应对武汉市老龄化挑战，缓解养老难等问题方面作出了积极探索，研究提出了相关规划对策。

[关键词]　公共服务；养老设施；规划策略

[Abstract]　This article evaluates the elders' facilities construction achievements and the main problems, based on obtaining from the development trend of the elderly population in Wuhan, and forecastes the demands of service for the elders. It studies and puts forward planning countermeasures on effectively coping with the challenge of aging and easing difficult of retirement.

[Keywords]　Public Service; Facilities for the Elders; Planning Countermeasures

[文章编号]　2015-65-P-025

近百年以来，全球性的人口死亡率下降、生育率降低、寿命延长。第二次世界大战以后，由于相对和平时间的持续和科学技术的进步，给予人类前所未有的社会进步和经济发展的希望。正因为如此，世界人口年龄结构正在老化。在中国，20世纪90年代"人口爆炸"的步子刚退，人口又悄然步入老年化，"银色浪潮"开始凸现。

武汉市自1993年进入老龄社会，近20年来，老年人口和老龄化指数呈现快速增长的态势，养老压力逐步增大，如何有效应对武汉市老龄化挑战，改善老年人居住生活环境，进一步缓解养老难等问题迫在眉睫。

一、武汉市老龄化社会现状及发展趋势

2012年，我国老年人口约1.94亿，正处于老龄化加速发展时期。据市老龄委统计，截至2012年底，武汉市户籍人口822万，60周岁以上户籍老年人口137万，占总人口的16.7%，即每6个市民中就有1名老年人。其中，80岁以上的高龄老年人口17万，占老年人口的12.4%。未来，我市老龄化趋势主要呈现三大特征。

1. 老年人口规模持续增大

"十一五"期间，我市老年人口增长进入"快跑期"，年均增加5.9万人。全市老年人口年均增长幅度（3.6%）大大高于同期总人口增长幅度（1%），近3年增长幅度超过30倍。预计至"十二五"期末，我市老年人口将达到160万，年均增加6万~7万人，老龄化率年均增加0.6个百分点。

2. 家庭养老负担逐年加重

目前，武汉市养老模式主要由居家养老、社区居家养老和社会机构养老构成。居家养老仍是目前养老模式的主流，据调查，全市选择居家养老的老年人为128.5万人，占总人口的97.32%，养老机构服务老年人口为3.2万人，占总人口的2.45%；社区居家养老服务中心（站）服务人口为0.3万人，占总人口的0.23%。

且近年来新增老年人口的70%以上为独生子女父母，"4—2—1"金字塔型家庭结构格局出现。

3. 空巢老人家庭快速增长

数据显示，近5年我市空巢老人年均递增2万人，2012年底总数达到27.4万人，占老年人口的19.5%。根据联合国世界卫生组织年龄划分标准，80岁以上人口为高龄老人，尤其是高龄空巢老人往往与寂寞、失能、贫困、多病相伴，生活照料等问题非常突出，特别需要呵护和关爱，需要引起全社会和每个家庭的高度重视。因此，武汉市空巢老人面临着生活照料、健康医疗和精神慰藉等方面的严峻挑战。

二、武汉市养老设施现状概况及存在的主要问题

1. 武汉市养老设施发展总体概况

武汉最早的养老院始于清代，三镇设普济堂，收养孤老残疾，由地方官募捐建立。至民国时期，三镇在救济院内设安老所、残废所，国外教会也办有残老收养机构。1949年后市社会福利院和街道福利院纷纷兴办，2000年后社会办养老机构大量兴起。

至2012年底，武汉市养老设施机构达到431家

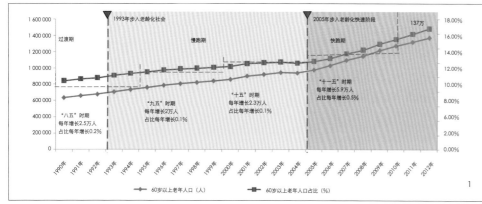

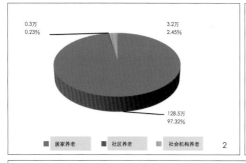

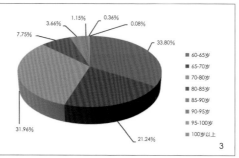

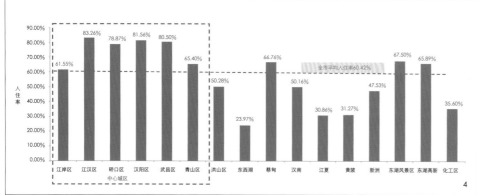

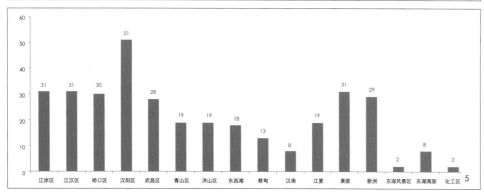

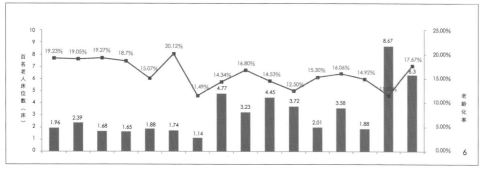

（含社区居家养老服务中心（站）和农村老年人互助式照料中心），总床位数4.4万张，占地面积43.4hm²，建筑面积49万m²；百名老人床位数为3.2张，超过了百名老人3张床位的国家标准。

2. 养老设施建设实施评价

从空间覆盖情况来看，武汉市养老机构总体空间覆盖率为60%。其中，市级机构覆盖率为90%，基本覆盖都市发展区用地范围；按照区级机构覆盖率为80%，主城区和新城区城镇地区基本实现全覆盖，但乡村地区覆盖率为40%；街道级（含社会办）机构覆盖率较低，仅为30%；社区（村）居家养老服务中心（站）目前尚处于初建阶段，按照"10分钟养老服务圈"（即以10分钟步行距离为半径）测算，覆盖率为15%。

从机构使用情况来看，2012年底，全市养老机构平均入住率约为60.42%，9个区（开发区）均高于平均水平；江汉区入住率最高，达到83.26%。江岸区、洪山区、东西湖区、汉南区、江夏区、新洲区、黄陂区和武汉化工区均低于全市平均水平。根据一般规律，公办养老机构入住率一般需要达到60%以上，社会办养老机构一般需要达到70%以上才能保证机构收支平衡，仍有32.75%的机构未达到标准。

3. 当前存在的主要问题

（1）养老设施结构尚待优化

据统计，2012年底入住养老机构的失能和半失能老年人口不到1万人，仅占武汉市失能和半失能老人总数的10%，与实际入住需求矛盾较大，出现结构性失调；另外，城乡居家养老服务设施体系尚未健全，尤其乡村地区远不能满足居家养老服务的需求。

（2）养老设施总量相对不足

中心城区养老设施用地面积13.6hm²，占建设用地总量的0.03%，仅为国家最低标准的1/10；社区居家养老服务设施不足，据2012年调查统计，武汉市约3.8%的老年人口选择社区居家养老，而现状社区居家养老服务中心（站）仅181家，不足现状社区总量的1/5（表1）。

（3）养老设施空间不均衡

从养老设施分布来看，武汉市养老机构在空间分布上存在较大差异。由中心城区向新城区呈出圈层递减分布态势，中心城区过于集中，新城区相对分散。其中，中心城区有209家养老机构，约为新城区的2倍。汉阳区分布51家，而东

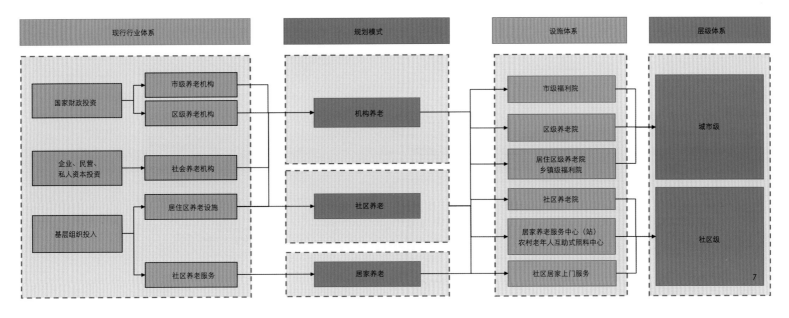

1.近20年来武汉市老年人口增长态势分析图
2.武汉市养老模式结构现状图
3.老年人口年龄结构情况分析图
4.全市各区养老机构入住率比较柱状图
5.各区养老机构数量比较图
6.各区百名老人床位数与老龄化率比较
7.养老设施分级体系一览图

表1	主城区各类公共服务设施用地情况一览表						
	教育设施	医疗卫生设施	文化设施	体育设施	养老设施	商业设施	合计
用地规模（hm²）	674.29	295.85	63.75	333.32	25.79	358.17	1 737.03
人均用地（平方米/人）	1.40	0.62	0.13	0.69	0.02	0.75	3.62
建设用地占比	1.73%	0.76%	0.16%	0.85%	0.03%	0.92%	4.45%

注：数据来源于国内副省级城市公共服务设施现状研究相关资料。

湖风景区和化学工业区各仅有2家养老机构。

从养老设施入住率来看，中心城区现状养老机构入住率为71.47%，远高于新城区41.60%的入住率，尤其公办社会福利院"一床难求"的现象较为突出；中心城区老龄化率与百名老人床位数呈现"倒挂"现象，老人就近入住养老机构困难，床位配置严重不足，未达到全市平均水平。

（4）服务内容和功能较为单一，难以满足多元化需求

按照国家出台的《社会养老服务体系建设规划（2011—2015年）》对养老机构提出的生活照料、康复护理、精神慰藉、紧急救援和社会参与、娱乐休闲等设施功能要求。全市社会办养老机构中仅15.4%的公办机构和大型民办机构能够提供较为全面的服务功能，其余机构受用地、资金等多方面限制仅能提供护理、照料等基本功能，很大程度上满足不了老人多

方面的精神需求。

此外，全市专业护理人员尤其是高级护理人员短缺，仅占护理人员总数的3.51%，主要为下岗再就业的"40、50"人员和农村务工人员，没有专业知识，只能从事较低层次的护理工作，且流动性大，服务质量难以保证，综合素质有待提高。从人数上看，护理人员与老年人口配比仅为1:16，远低于国家1:4的配比要求。

三、规划策略研究

1. 养老服务发展需求预测

类比国家中心城市养老设施建设目标，参考国际发达城市养老设施配建要求，结合《武汉市养老服务业"十二五"发展规划》，采用年龄移算法对未来全市老年人口进行预测，到2015年，全市老年人口

将达到160万人，老龄化率为18.99%，高龄化率为2.59%，养老床位总数将达到8万张，每百名老人拥有5张床位，实现"9055"的养老结构比例目标（即90%的老人为居家养老、5%的老人享受社区养老、5%的老人享受社会机构养老）。

到2020年，全市老年人口将达到190万人，老龄化率为21.84%，高龄化率为2.89%，为进一步促进养老事业发展，适度提高养老设施床位配建标准，规划床位总数超过11.4万张。

2. 空间发展策略

通过日本、新加坡、中国、欧美等国内外城市案例研究，可借鉴的主要经验包括：一是在设施体系方面，大力发展"居家养老"，构建了以居家为基础、社区为依托、机构为支撑的社会养老服务体系；二是在设施标准方面，科学制定了"分级分区"的养老设施建设标准；三是在运作方式方面，积极推动养老社区发展，适度鼓励"养老+旅游"和"养老+地产"，发展高端养老产业。

结合武汉市未来发展目标，确定养老设施空间发展策略为：一是"整合资源、增加总量"，利用提档升级、改建和新建等多种途径增加养老床位及养老机构，扩大全市养老设施的总量供给，以适应我市迅速

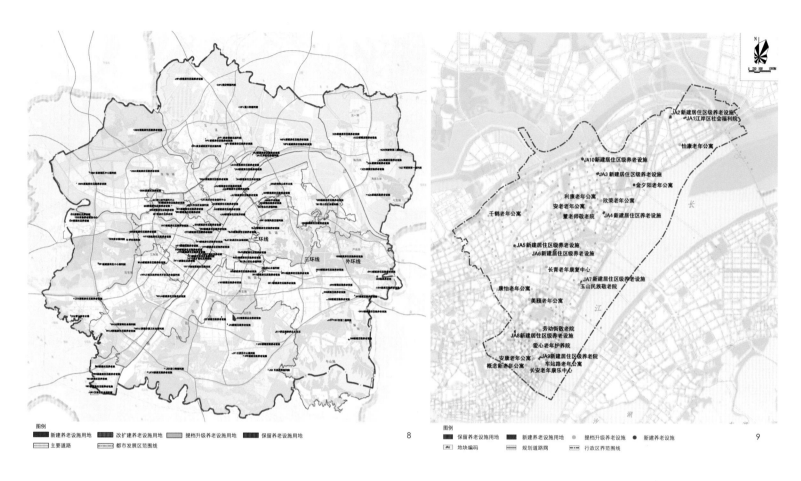

8.都市发展区养老设施用地规划图
9.江岸区（示例）养老设施规划布局图
10.区级公办养老设施规划布局图
11.市域现状养老设施空间覆盖情况分析图

增长的养老需求；二是"保障基本、全面发展"，优先发展为"三无"、"五保"老人服务的保障型养老机构，重点发展为工薪阶层服务的普惠型养老机构，均衡发展社区居家养老服务机构，适度建设满足高端养老需求的舒适型养老机构，进一步完善养老设施体系；三是"全市平衡、分区指导"，结合我市用地存量情况，确保养老床位总量在全市进行平衡，针对各区不同的发展情况和需求，进行分区控制和指引。

四、规划对策

1. 加强构建层级合理的养老设施体系，"分层定级"对全域养老设施进行统筹布局

结合国内外成功案例，通过对国家及地方养老设施相关标准的研究比较，确定全市养老设施的体系层级和配置标准。规划构建了城市和社区两级养老设施体系。其中，城市级养老设施相对应的是市、区级养老设施和居住区级养老设施，主要包括市、区级社会福利院和居住区（乡镇）级养老院；社区级养老设

施包括社区养老院、社区居家养老服务中心（站）和农村互助式居家养老服务站。规划对各级各类养老设施提出了相对应的养老设施配置标准和建设要求。

规划将农村地区纳入全市养老设施体系，从空间上划定中心城区、新城区和农村地区圈层范围，从体系上按照市、区、居住区、社区及农村养老设施等分类分级，分别提出了相对应的布局原则、配置标准和建设指引，并结合旧城区用地紧张的实际情况，提出将独立占地与复合利用相结合的建设要求，为养老设施发展预留了弹性空间。

2. 因地制宜，大力提升养老设施配置标准和建设要求

一是全面提升了养老床位建设配套标准。规划在百名老人床位数、床均建筑面积和占地面积等建设标准方面均得到提升且高于国家标准。规划提出2020年，每百名老人拥有6张床位，高于发达国家每百名老人5张的养老床位标准。

二是高标准制订养老设施建设要求，进一步指

导项目的建设和审批。规划充分考虑公共利益，提出市、区级养老设施等公益性设施的独立占地要求。研究并创新性地提出独立占地的养老设施需配置至少1处室外活动场地的要求，为未来养老设施项目建设和审批提供了可操作性的指导依据。

3. 统筹协调资源，优化全市空间布局

综合考虑我市养老设施实际建设和用地存量情况，根据国家中心城市建设和国内领先老龄康乐城市"9055"社会养老发展目标，中心城区二环内以现状挖潜为主，适度新增养老设施床位，满足本地区基本养老需求；二环至三环间以新增与现状挖潜相结合，提高养老设施数量和床位。新城区以新增为主，在兼顾本区养老需求的基础上适度承担中心城区日益增长的养老服务需求；同时，鼓励环境较好的地区适度发展大型中高端养老社区，以满足部分经济宽裕的老年人需求。乡村地区以保留和提档升级为主，确保基本养老保障发展需求。

按照规划，到2020年，全市共布局养老机构1

825家（含1 004家居家养老服务中心（站）），总床位数超过11.4万张，总用地面积237.30hm²。

表2 市级养老设施建设标准一览表

级别	服务范围	床位数（张）	床均建筑面积（平方米/张）	床均用地面积（平方米/张）	用地面积（hm²）	功能	备注
市级	市域	1 000以上	25～35		3～5	医疗、康复、护理、文化、娱乐休闲、餐饮、办公区	独立占地，含活动场地不少于400m²
		600～1 000		保留类：不低于15 改扩建类：不低于20 新建类：不低于30	2～3		

表3 区级养老设施建设标准一览表

级别	服务范围	床位数（张）	床均建筑面积（平方米/张）	床均用地面积（平方米/张）	用地面积（hm²）	功能	备注
区级	行政区	不少于300	25～35	保留类：不低于20 改扩建类：不低于25 新建类：不低于30	0.75～3.0	医疗、康复、护理、文化、娱乐休闲、餐饮、办公区	独立占地，含活动场地不少于400m²

五、结语

此次规划是在充分征求市主管部门、专家、各类社会养老机构和公众意见的基础上，根据各区实际制定的公益性服务设施布局规划，是对武汉市公共服务设施规划体系的进一步充实和深化，为全市养老设施建设提供了指导依据。

然而真正解决养老难问题，并不仅仅为编制规划本身，更重要的是把控好管理和实施环节，建立"规划+管理+实施"的多系统互动模式，才能真正指导养老设施建设。在规划管理上，应结合规划管理"一张图"系统，强化规划对养老设施建设实施和管理的保障作用；在实施建设上，应建立"市区联动"的协同模式，将规划按照行政区进行分解，引导各区开展养老设施的建设；在政策配套上，行业行政主管部门应进一步完善落实养老设施的税费减免政策、运营补贴办法。

总而言之，养老服务事业是民生大计，坚持以人为本，方能实现"幸福养老"！

作者简介

郑彩云，武汉市规划研究院，总体规划所，规划师。

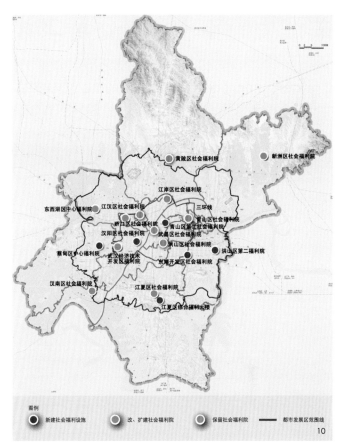

图例
● 新建社会福利设施   ◉ 改、扩建社会福利院   ◉ 保留社会福利院   ━ 都市发展区范围线
10

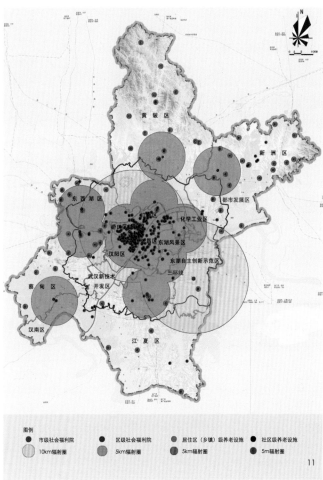

图例
● 市级社会福利院   ● 区级社会福利院   ● 居住（乡镇）级养老设施   ● 社区级养老设施
○ 10km辐射圈   ● 5km辐射圈   ● 5km辐射圈   ● 5m辐射圈
11

关注上海市中心城区养老设施，打造和谐社会
——以虹口区养老设施规划为例

Concentrating on Pension Service Facilities in Shanghai Central City, Building a Harmonious Society
—A Case Study on the Pension Service Facilities Planning in Hongkou District

李天华
Li Tianhua

[摘　要]　上海老年人众多，人口结构已踏入老龄化社会。如何进一步提高养老设施的数量、质量和服务水平，有效缓解养老服务设施的供需矛盾，满足老年人群体对养老设施的需求，确保养老服务事业快速健康发展，促进和谐社会建设，业已成为当今社会值得关注的一个问题。本文将以虹口区养老设施布局规划为例，对规划中所作的思考和总结出的规划方法进行介绍，并对上海市中心城区养老设施规划所遇到的问题进行讨论。

[关键词]　虹口区；敬老院标准；可实施性

[Abstract]　With many elderly people in Shanghai, population structure has entered the aging society. How to further improve the quantity, quality and service level of pension facilities, effectively alleviate the contradiction between supply and demand of pension service facilities, meet the needs of the elderly population, ensure fast and healthy development of the facilities for the aged, promote the building of a harmonious society, it has become a social problem nowadays concern. I will take the pension service facilities planning layout of Hongkou District as an example, introducing thinking of the planning and summarizes the methods. And problems of the facilities for the aged in Shanghai central city area planning are discussed.

[Keywords]　Hongkou District; Pension Service Facilities Standard; Realization

[文章编号]　2015-65-P-030

1.现状产权结构分析图　　　4.老年人日间服务中心分布图
2.现状用地状况分析图　　　5.现状建设标准分析图
3.现状活动场地分析图　　　6.社区老年人助餐点分布图

一、相关背景介绍

上海老年人众多，人口结构已踏入老龄化社会。随着老年人口的增加，人们对敬老院设施的数量和质量也提出了更高的要求。但现实中上海中心城养老设施的配置是大为不足的，根据市民政局"十二五"规划要求，虹口区的养老机构配备就有较大的缺口。

为进一步提高虹口区福利设施的数量、质量和服务水平，有效缓解养老服务设施的供需矛盾，满足虹口区老年人群体对敬老院设施的需求，笔者负责编制了虹口区敬老院布局规划。规划重点研究近期实施规划，确保虹口区养老机构配备能够满足市民政局"十二五"规划要求，近期规划年限至2015年（"十二五"末），远期规划年限为2020年。

经过思考，该规划重点应协调好以下三种关系。

（1）处理好敬老院专项规划与既有法定规划的关系。专项规划应与各社区控制性详细规划的关系进行衔接与协调，从敬老院实际情况、客观需求和发展目标出发，合理布局，对这些规划予以适当的优化、深化。

（2）处理好敬老院布局与城市发展、人口结构

演变的关系。虹口区位于中心城中，一方面随着城市发展，城市功能、用地布局将有所调整，另一方面随着旧区改造的推进、居住水平的提高，现状部分人口将向外疏解，人口结构也将发生变化，敬老院设施规划也需要与虹口的整体发展战略和人口结构演变趋势相协调，并兼顾完善敬老院建设与合理利用有限的土地空间资源的关系。

（3）处理好敬老院近期建设与长远发展、均衡发展和重点发展的关系。近期建设应与国民经济和社会发展计划相协调，符合资源、环境、财力的实际条件，注重满足需求和实施的可操作性。远期则随着人口规模和结构的变化，进一步在设施品质方面进行提升。

因此，规划从现状调查、相关规划和相关标准研究入手，建立了研究框架如下框架图所示。

二、养老设施现状分析

虹口区属于上海市中心城区，城市建设用地22.5km²，共辖有八个街道，2013年底有户籍人口约78.7万，户籍老年人口23.31万人。虹口区全区现状正在运营的养老机构有29家，共有3 769张床位，建筑面积共有87 133m²，还有6家注册养老机构不在运营，其中4家已经停业，2家（550床位）正在装修和筹备，即将运营。

现状敬老院散布在全区各个街道内，但各街道现状敬老院布局不均衡，养老院主要分布在虹口区北部的江湾镇街道、凉城新村街道、曲阳路街道和广中路街道，分别拥有8个、4个、4个和5个敬老院。而南部地区虽然同样居住用地较多、人口密集，但敬老院数量较少、规模较小。

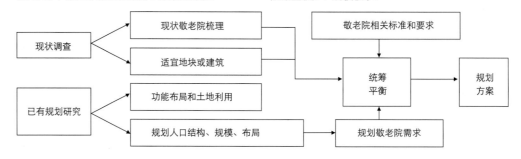

经过现状调查和行政主管部门走访,发现现状的敬老院存在不少问题。

(1)全区现状养老床位占老年人口比例为1.62%,低于"十二五"规划对各区2.5%的要求。区内目前有4个街道不符合养老床位占区域老年人口的1.5%要求,难以满足大量老年人养老的需要,建设压力较大。

(2)虹口区现状敬老院建设标准普遍较低,约55%的敬老院床位未能达到每床25m²的三级标准,使用舒适度较差。

(3)现状敬老院普遍规模较小,大都难以提供一定的活动场地(约一半的敬老院没有活动场地),空间狭小,难以满足老年人的生活需要,且有限的规模对敬老院管理和经营成本控制等带来一定困难。

(4)部分养老院环境不够卫生,设施陈旧,服务水平较低,需要改造。

三、规划指标及策略研究

根据养老设施建筑设计标准,养老设施为老年人(年龄60岁以上)提供住养、生活护理等综合性服务的机构,含福利院、敬(安、养)老院、老年护理院、老年公寓等供老年人生活并提供综合性服务的设施。对养老设施有床位、每床建筑面积、用地面积、日照条件等建设控制指标要求。

1. 规模指标

根据现行控详技术准则,虹口区配置建筑规模6.61万m²养老院即可达标。但根据市民政局"十二五"规划养老床位数的指标要求,虹口区2015年养老床位数的需要新增1 710床,考虑部分现状养老院(3家养老院,270张床位)旧改拆除的因素,"十二五"期间实际需增加1 980张床位。截至2013年底,已完成894床,故至"十二五"末还需新增养老床位1 086床。

上级民政部门对2020年老年人口无预测。但根据相关人口数据进行预测,预计2020年虹口区老年人口将上升为30万人。按照"不低于区域老年人口的2.5%"的考核指标,要求建设养老设施总床位数为7 500床。

2. 建筑面积

福利院、敬老院按其设施设备配置标准由高到低分为3个等级,每床建筑面积分别应符合以下规定:

一级: ≥40m²;

二级: ≥30m²;

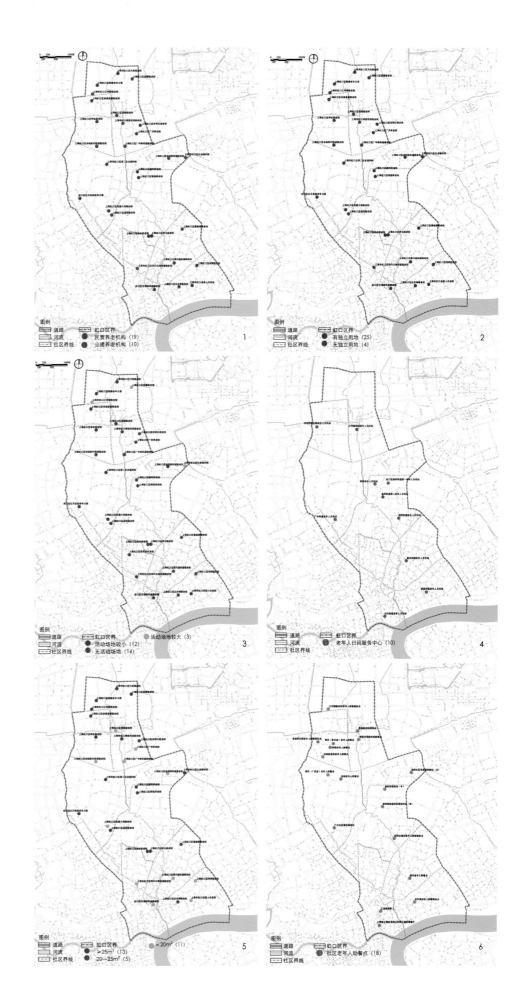

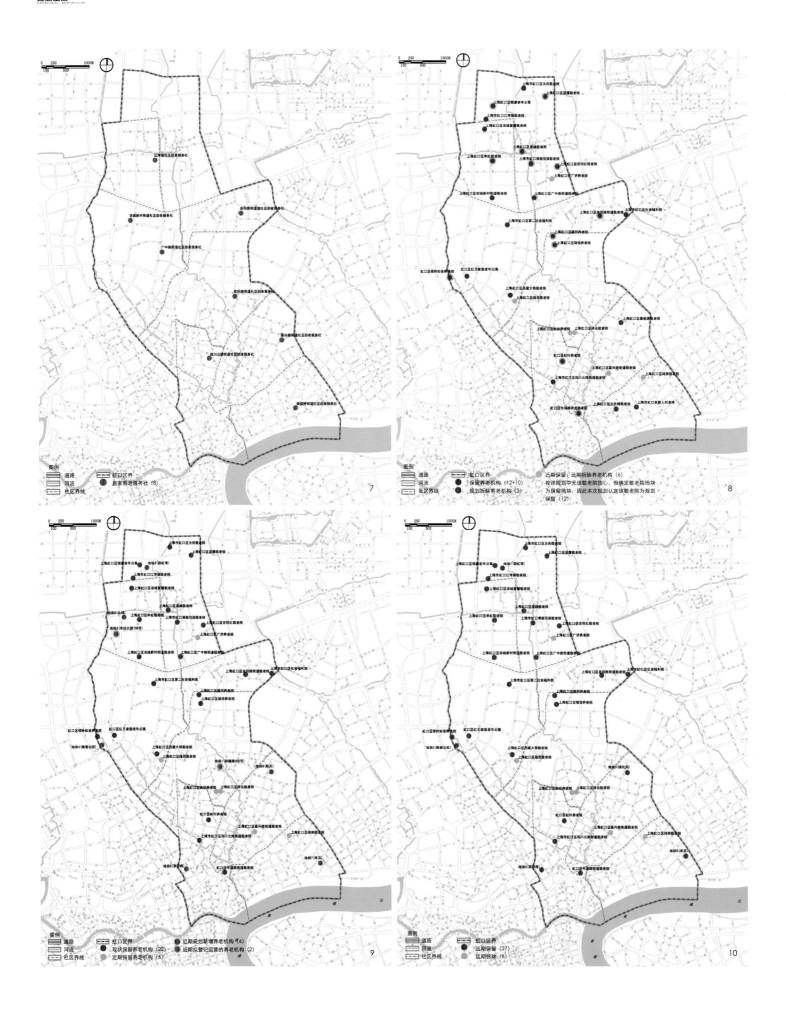

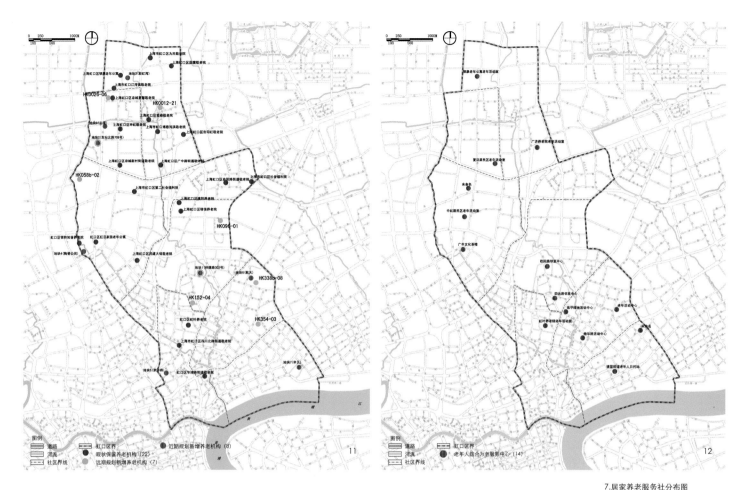

7. 居家养老服务社分布图
8. 现状养老设施规划意向图
9. 近期规划养老设施布局图
10. 近期设施时效分析图
11. 远期规划养老设施布局图
12. 老年综合为老服务中心分布图

三级：≥25m²。

根据《关于明确 "沪府[2012]105号" 文中养老机构建设有关事项的通知》的规定，自2013年起，北四区（杨浦、虹口、普陀、闸北）区域内新增养老床位的床均建筑面积不得低于30m²。虹口区到"十二五"期末约需新增敬老院建筑面积3.26万m²。

3. 其他控制指标

考虑敬老院建设为区、街道等多级政府共同实施，因此各社区的敬老院数量应根据人口规模、人口结构、现状基础、区位、实施可能性确定，但一般一个社区至少有1～2个敬老院。

基地选址应交通方便，邻近城市医疗点。

新区新建敬老院的主要用房冬至日满窗日照有效时间不应少于3小时，养老设施建筑的间距不得小于建筑物高度的1.5倍，且最小间距不得小于12m。设于中心城旧区敬老院的主要用房冬至日满窗日照有

效时间不应少于2小时。

敬老院应当设置一定的绿地，有条件的敬老院绿化率应达到30%。

四、问题与对策

问题一：现状敬老院床位数距市民政局"十二五"规划养老床位要求尚有较大缺口，需要在2年内增加1086张床位，在短期内完成该目标有较大难度。

对策：为满足近期敬老院总量需求，近期实施规划考虑尽可能多地保留现状敬老院，并要求其内部挖潜整改，改善内部环境，提高服务水平。对于新增的敬老院项目，为提高其实施的可操作性，并节约建设成本和缩短建设周期，一方面结合保障房建设新建大型养老院，另一方面近期规划布点尽可能选择闲置的工业厂房仓库、经营状况不佳的宾馆及旅店等建筑，对其进行置换并改造为敬老院。

问题二：近期实施规划中部分敬老院选址与虹口区远期土地使用规划有矛盾，且部分保留敬老院建设标准较低。

对策：远期规划选点应当符合各社区控制性详细规划，近期实施规划中不符合远期土地使用规划的敬老院均为临时设施，随着土地开发将逐步拆除。对标准较低的现状敬老院远期将进行改造，提升品质，使其达到25平方米/床的三级建设标准，在保证全区床位总量的同时，为老人提供高标准的服务。

问题三：根据规划部门相关规范虹口区养老院配置已达到标准，但养老床位数与民政部门要求相去甚远。

对策：这一问题反映出规划部门技术规范与民政部门规范的差距，但结合上海老龄化日趋严重的实际情况，显然民政部门规范更具有指导性，此次规划近远期养老院规模均按照民政部门要求进行配置，并建议规划主管部门对现行规范进行研究和评估，应当

根据城市发展的实际变化对规范进行优化和完善，更好地指导城市规划编制。

五、相关规划内容

1. 近期实施规划

根据区民政局梳理，近期有2处地块向区民政局申请登记运营，总计新增120床。但根据虹口区旧改征收计划，现状养老院中3家共270张床位近期将会拆除。为在短时间内达到市民政局"十二五"规划养老床位数要求，满足全区对养老设施的需求，近期实施规划新增敬老院选点重点考虑两种类型，一种是新建大型养老院，尽快补足养老床位缺口；另一种是将现有建筑改造为敬老院，一方面可节约城市建设用地，另一方面可在较短的建设周期内达到规划目标。

通过现状研究和实地调查，对全区范围内闲置的工业厂房仓库、经营状况不佳的宾馆及旅店和待开发用地进行了筛选，并重点分析这些设施及地块的近期实施敬老院的可能性。在经过多次会议协调和研究后，初步拟定了可在近期实施新增的敬老院共有6处。

除近期已向区民政局申请登记运营2处120床外，6处养老院选址近期共可新增1 826个床位，新增建筑面积约5.5万m²。结合保留的现状敬老院和即将运营的养老院（4 047个床位），若该6处选址全部建设成为养老院，全区在"十二五"末共有36家敬老院，床位共5 993个，可满足"十二五"期末（2015年）虹口区老年人的需求。

考虑到近期实施可能性和节约资金的原则，近期新增的6个敬老院中4处由旧厂房仓库、经营状况较差的宾馆旅店和办公楼进行置换改造，有2处考虑为新建敬老院。

从建设标准来看，对保留的现状敬老院进行内部挖潜整改，改善内部环境，提高服务水平，但考虑到近期实施规划建设周期短，实施难度大，不要求其建设标准有明显提高。对于规划新增的敬老院，全部要求达到每床建筑面积30m²的三级标准。

从设施时效来看，近期实施规划中的敬老院均为长久设施，但与远期土地利用规划有矛盾的6个现状敬老院为临时设施，将随着城市发展予以拆除。

此外，考虑到敬老院的职能主要是给有困难的老年人提供养老安居，按老年人口3.2%的床位率难以满足社会的需要。因此，对大量住家的老年人，对平时无家人照顾的老年人，对自己有住房但平时无处活动的老年人应设置日间照料服务中心，为他们提供活动场所和相关的服务。

为完善虹口区养老设施体系，更好地满足老年人需要，改善老年人生活质量，虹口区全区现状共有居家养老服务社8个，基本保证每个街道都有一个居家养老服务社，可为本街道及周边老年人提供日间休息、活动和娱乐的场所。

2. 远期规划布局

由于现状有6处敬老院（共540个床位）设施条件较差，并与虹口区远期土地使用规划有矛盾，随着规划的逐步落实，远期将把这部分敬老院拆除。

经全面梳理，远期将新增7个敬老院，其中有5处地块符合地区控规，2处地块需要通过置换的方式实现，3处通过地块拆除重建的方式开发，另有2处地块需进行控规调整。

若远期规划养老机构全部实施，能提供1 630张床位，距远期需增加2 014张床位仍有一定的缺口，此次规划将对虹口区土地资源继续挖潜，进一步深化完善，以满足远期虹口老年人的养老需求。

远期规划还要求对近期规划中未达到三级标准的保留敬老院进行改造，使这些敬老院至少应达到每床建筑面积25m²的三级标准，提高敬老院整体服务水平，给老年人提供良好的生活环境。

六、实施策略

1. 积极宣传、营造氛围、正确引导

养老服务事业要全面贯彻落实科学发展观，坚持以人为本，用发展和灵活的方法解决养老服务事业发展中存在的问题。大力宣传民政事业发展"十二五"规划以及上海养老服务需求，形成政府社会共同关心养老事业发展的良好氛围。

2. 政府牵头、部门合作、形成合力

建议依托由区政府牵头、区各有关部门的领导参加的联席会议制度，使各相关部门之间形成大局观念，协调一致，相互配合，充分挖掘闲置厂房、学校等作为适合开办养老机构的闲置房屋资源。坚持"政府主导、社会参与、全民关怀"的方针，坚持新建与挖潜相结合，整合社会资源，确保老年事业持续健康发展。

3. 政策覆盖、加大扶持、加强管理

需要政府相关部门给予政策支持，除现有的对新增养老床位给予一次性补贴外，建议增加安装电梯和运行补贴、年度养老机构评定等级补贴、年度养老机构项目补贴、年度房屋租金补贴、年度困难老人入

住补贴、年度为老人购买保险补贴等扶持项目。鼓励公民、法人或者其他社会组织兴办养老机构，可采取"公建民营"、"民办公助"、"租赁承包"、"委托经营"等多种经营形式。同时，新办养老机构的床位数，按照属地化关系，列入街道、镇的新增床位数考核指标，逐步形成政府宏观管理、行业公平竞争和养老机构规范服务自我完善的社会化运作机制。

七、结语

通过虹口区敬老院专项规划的编制，通过现场调查和专业部门走访，可以看出随着人口老龄化不断加剧，老年人服务设施的不足已成为提高老年人生活水平的重要制约因素。不仅缺少提供居住护理服务的敬老院，提高老年人生活水平的文化娱乐设施也大量缺乏。在城市发展和土地开发的过程中，投资商和政府往往更加关注经济效益和GDP的增长，老年人的需求难以得到保证。

在规划的编制过程中，我们也听到许多部门对于老年人设施的建设实施十分困难的介绍。虽然在此次规划中我们采取了许多相应的手段来加强其可实施性，但以后真正的实施操作中是否有效仍需要观察。只有社会进一步加强对老年人的关心，政府进一步加强民生工程，老年设施建设中遇到的难题才能迎刃而解。

作者简介

李天华，上海市城市规划设计研究院规划二所，高级工程师，英国谢菲尔德大学规划研究硕士。

项目负责人：李天华

项目参与人：杨帆

昆山养老服务设施规划
Pension Facilities Planning of Kunshan

杨红平
Yang Hongping

[摘　要]　以昆山为例，构建了以"社区—机构"为构成的养老设施体系和以"医—教—文—体—开敞空间"为构成的为老设施体系，探索养老设施的"市区—片区—街道（镇）区—社区（村）"分级配置标准，同时提出养老服务设施规划应关注城乡统筹、区域统筹、新（城）老（城）更替、多元配置、适度超前等规划要点。

[关键词]　老龄化养老服务设施规划；昆山

[Abstract]　Taking Kunshan as an example, the essay forms the elderly-support facility system constituted by "Community-institution", and elderly-care system with "Medical care–Education–Culture–Exercise–Open space". It also investigates the allocation standard of different levels: "City–Area–Street (Town)–Community (Village)". Meanwhile, it puts forward several key points of planning, such as that the elderly-support facility planning ought to focus on the urban and rural integration, regional integration, urban regeneration, multiple allocation and moderate lead.

[Keywords]　Aging Pension Facilities; Kunshan

[文章编号]　2015-65-P-035

一、规划背景

全球人口整体的长寿对经济、社会和城乡建设等方面均带来巨大的影响。对于处在快速发展阶段的我国而言，目前面临着老年人群基数大、增长速度快和未富先老等问题。为应对老龄化发展态势，民政部和住建部等部门相应出台了一系列管理措施，对各级地方政府提出了加快社区老年人日间照料中心建设、养护院设施等建设要求。

二、昆山老龄化现状与养老服务设施现状

1. 昆山老龄化发展态势

昆山市位于江苏省最东侧，与上海市交界，医疗卫生水平较高，生活质量较好，人口平均期望寿命较高。自1988年早于全国11年迈入老龄化社会之后，昆山城乡老年人群总量逐年增加。一方面昆山老年人口总量较多，户籍老年人口比重较高。根据第六次人口普查资料，2010年末昆山市域常住人口共计164.5万人，60岁及以上人口14.0万人，占常住总人口的8.5%；其中，60岁及以上户籍人口13.2万人，占户籍人口总数的18.6%；60岁以上外来人口0.8万人，约占外来人口规模的0.86%。另一方面昆山市域老年人口分布存在城乡差异与社区空间差异较大的特征。约有45.11%的老年人口居住在乡村地区，有54.9%的老年人口生活在城镇地区，同时城镇社区老年人呈现出"中心高—外围低"的"中心—边缘"结构特征，旧城区老人明显多于新区老人。

2. 养老服务设施建设现状

机构养老服务设施建设逐步完善。2012年全市机构养老服务设施共12所，拥有养老床位3 315张，与2001年相比年均增加19.36%，每千名老人拥有床位数17.5张。社区老年人日间照料中心建设速度快。2011年全市已建成9家社区老年人日间照料中心，2012年已建设完成43家。老年人信息化平台支持系统基本建立，已有500户家庭试点运行"惠民一键通"家庭电子保姆，为空巢、高龄老年人提供助餐、助浴、助购、助洁、助行等服务。

3. 养老服务设施建设存在的问题

（1）设施数量总量不足，未能满足老年人需求。一方面是机构养老服务设施床位数每千名老人为17.5张，离省制定的近期30张的目标值差距较大；另一方面是社区养老服务设施仅覆盖昆山老年人群的1%。

（2）设施建设标准低，服务质量较差。目前，大部分机构养老服务设施与医疗体系的合作缺少制度安排，导致生活护理型养老机构设施缺乏，不能满足失能、失智老人的长期护理和紧急医疗救护需求。

（3）机构养老服务设施建设处于以镇为单元点状分布格局，造成整体入住率低，如锦溪等乡镇养老院入住率仅为20%左右；而中心城区千人床位仅5.5床，造成市区老年福利院入住率长期高达100%，出现排队入住现象。

（4）设施以公办公营为主，市场化建设运营不足。全市域仅一家民办机构养老服务设施，主要原因是目前昆山实行的是高标准、低收费、财政补贴为主要运营模式，在一定程度上已制约民办养老机构发展。

三、昆山养老服务设施规划

1. 规划原则

（1）城乡统筹，均等发展

结合昆山各镇、街道的社会经济条件和老龄化程度，进行养老服务设施的差异化布局，在外围地区大力新建，在老城区改扩建或外迁。结合城乡建设重点区域完善相关养老服务设施，真正形成覆盖城乡、全民共享的养老服务设施网络。

（2）区域统筹，差别布局

结合城区居住用地规划布局，规划从市级—片区级和乡镇（街道）级三个层次进行空间布局。此外利用南部水乡和北部阳澄湖生态条件，在巴城、锦溪等乡镇适当建设高端候鸟式养老机构与养老服务设施，服务于上海、苏州等周边城市人群；利用花桥的区位优势，发展大型养老社区，助推养老地产及其他银发产业发展。

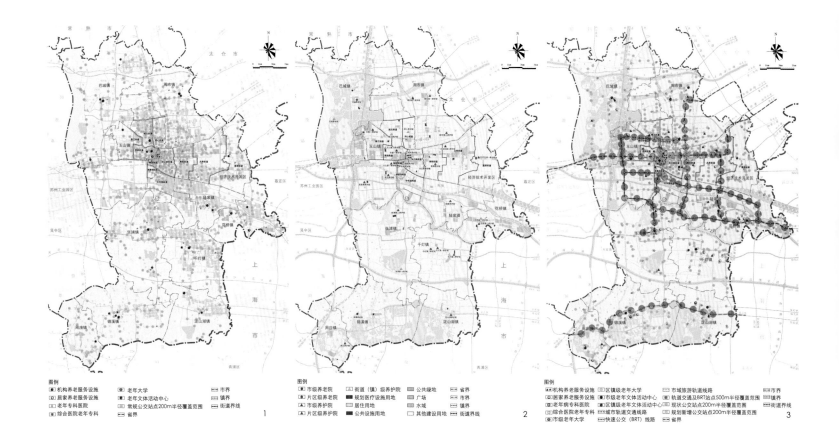

图例
机构养老服务设施　老年大学　　　　市界
居家养老服务设施　老年文体中心　　镇界
老年专科医院　　　常规公交站点200m半径覆盖范围
综合医院老年专科　　　　　　　　　街道界线 1

图例
市级养老院　街道（镇）级养护院　公共绿地　省界
片区级养老院　规划医疗设施用地　广场　市界
街区级养护院　居住用地　　　　水域　镇界
片区级养护院　公共设施用地　其他建设用地　街道界线 2

图例
机构养老服务设施　区镇级老年大学　市域旅游轨道线路　市界
居家养老服务设施　市级老年文体活动中心　轨道交通及BRT站点500m半径覆盖范围　镇界
综合医院老年专科　城市轨道交通线路　区镇级老年文体活动中心　街道界线
市级老年大学　快速公交（BRT）线路　现状公交站点200m半径覆盖范围
　　　　　　规划新增公交站点200m半径覆盖范围　省界 3

（3）整合资源，节约建设

规划采用不同配置指标和建设要求实现均等化养老服务。已建社区利用已有社区用房、文体设施等增加日间照料中心等设施，新建社区配建标准取值可以按照高值进行建设。

（4）适度超前，市场运作

综合考虑昆山经济社会快速发展趋势，适度提高养老服务设施的建设标准和配套要求，超前建设；鼓励建设中高档养老院、养老社区等养老服务设施，满足中高收入水平老人人群需要。

2. 规划目标

本次昆山市养老服务设施规划以贯彻《昆山市城市总体规划（2009—2030）》提出的"大城市、现代化、可持续"的发展定位为着力点，以"现状供给—远期需求—规划布局—实施建议"为主线，构建了集机构养老服务设施、社区养老服务设施、为老服务设施、宜老居住社区等于一体的养老服务设施服务体系。具体养老服务设施类别与功能定位见表1。

3. 养老服务设施的配置标准

本次规划根据昆山老龄化特征与发展目标要求，对养老服务设施采取了"分类型、分级别"的方法，

表1　　　　　　　昆山市养老服务设施分类及功能定位

类别	类型	主要设施名称	功能	服务人群	备注
养老服务设施	机构养老	养老院	居住、个人生活照料、老年护理、心理/精神支持、安全保护、环境卫生、休闲娱乐、协助医疗护理、医疗保健、膳食与洗衣、物业管理、陪同就医、通讯、教育、代办服务等	三无五保老人	以政府力量保障为主
		养护院	居住、老年护理、个人生活照料、心理/精神支持、安全保护、环境卫生、协助医疗护理、医疗保健服务、膳食与洗衣、物业管理、陪同就医、咨询、代办服务等	介护老人和介助老人	政府示范、适度鼓励市场化参与
	社区养老	社区日间照料中心	午休床位、膳食与送餐、保健咨询、陪同就医、休闲娱乐、社交、心理/精神支持、安全保护、代办服务等	自理老人和介助老人	政府建设、市场化运营
	居家养老		送餐、保健咨询、陪同就医、心理/精神支持、代办服务等	自理老人	与社区日间照料中心一同建设与运营
为老服务设施	医疗卫生	老年专科医院	医疗卫生、保健咨询、老年护理、康复训练、心理/精神支持等	所有老人	老人专享设施
	文体活动	老年文体活动中心	文化娱乐		老人专享设施
	教育培训	老年大学	教育		老人专享设施
	公共游憩	公园绿地与广场	休闲娱乐、体育锻炼、社交		共享设施
	交通出行	无障碍设施等	无障碍出行		共享设施
老年社区	混居老年社区	一般居住社区	居住、物业管理、休闲娱乐等	所有老人	共享
		老年公寓	居住、个人生活照料、老年护理、心理/精神支持、安全保护、环境卫生清洁、休闲娱乐、协助医疗护理、保健咨询、物业管理、送餐、教育、购物、代办等	所有老人	老人专享
	独立养老社区	银发地产社区	居住、个人生活照料、老年护理、心理/精神支持、安全保护、环境卫生清洁、休闲娱乐、协助医疗护理、医疗保健、物业管理、通讯、送餐、教育、购物、代办服务等	中高收入老人	老人专享

1.市域现状养老服务设施公交可达
性分析图
2.市域机构养老服务设施规划图
3.市域养老服务设施公交可达性示
意图
4.域社区居家养老服务设施规划图
5.市域为老服务设施规划图
6.养老服务设施慢行休闲可达性示
意图
7.市域居住区无障碍改造引导图

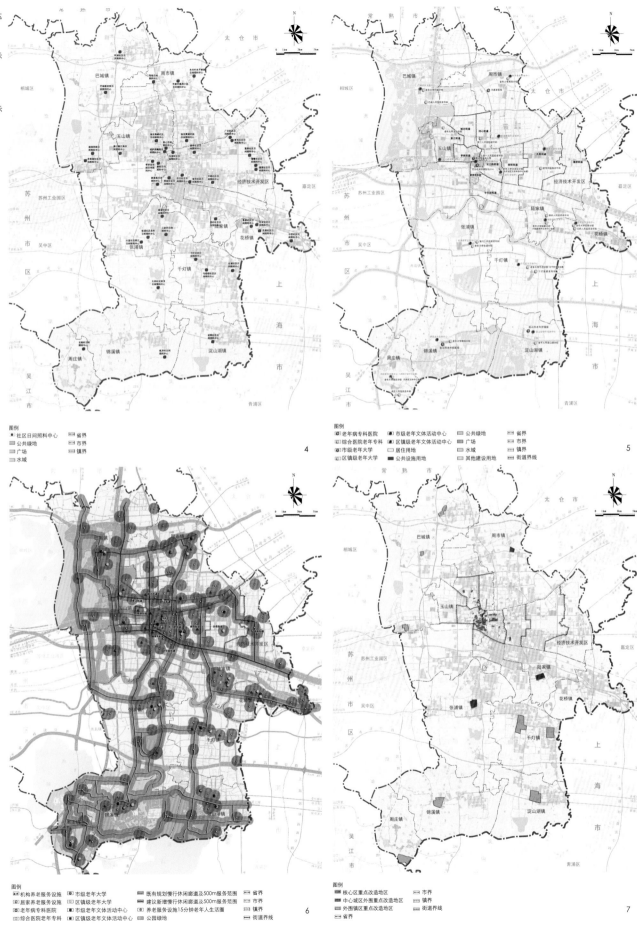

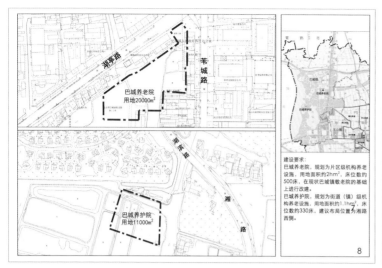
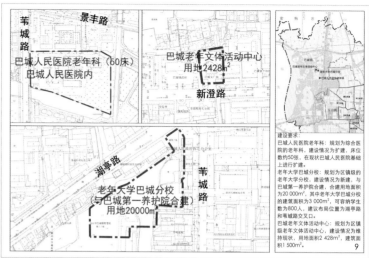

8.巴城镇机构养老设施图则
9.巴城镇为老设施一布局

将机构养老服务设施分为"福利供养型、医疗养护型"两大类,并按照设施床位数规模大小的区别,形成"市级—片区级—街道(镇)级"三级机构养老服务设施体系;对于以日间照料中心为主体的社区居家养老服务设施,采用"普通日间照料中心和居住区级日间照料中心"两个类型分别制定了设施配置要求。

4. 养老服务设施规划布局

(1)机构养老服务设施:分类型分级别布局

按照服务对象与床位规模,机构养老服务设施形成"福利供养型、医疗护理型"两大类与"市级—片区级—街道(镇)级"三级机构养老服务设施体系。设施的选址尽可能与其他可相容性的设施(如幼儿园、医院等)进行复合集中建设;依托现有和规划的公交设施,重点保障机构养老服务设施与公交站点的可达性;依据老年人口空间分布特点差异化布局,以社区为单元合理配置养老服务设施。

(2)社区居家养老服务设施:注重差异化布局

针对老城区与老社区养老服务设施布局难的问题,规划提出老城区可以适当减少单个设施配置规模(如标准的70%)或采取增加设施密度的办法满足需求;新城区配建标准可适当提高。已建社区宜挖掘整合闲置资源,收购一楼住宅等方式改造为日间照料中心;新建社区将日间照料中心纳入小区公共设施配建,以控规预控落实养老配套设施空间。

(3)为老设施:注重资源整合与共建共享

为老设施布局除了注重分级别分类型之外,还应注重专享型设施与共享型设施相结合的布局策略。在城市交通设施的适老化改造方面,昆山市通过优化公交系统与慢行休闲的可达性和小区的无障碍改造,构筑老龄友好型的交通环境;卫生、教育、公共休憩、文体等为老设施的布局选址,规划通过与《昆山市文教体卫设施专项规划(2011—2030)》充分对接,注重各类公共服务设施的共享共建。

(4)老年社区:注重建立宜居的养老环境

参照新加坡乐龄公寓的建设经验,规划提出昆山老年社区应靠近公共绿地等开敞空间和老人日托所等社区公共服务设施,并尽量邻近医院、公交站点、幼儿园等公共设施布局。同时,应注重强化老年社区的功能复合与服务多元发展,应从宜居的角度充分考

表2   昆山市机构养老服务设施分级别配置标准一览表

级别	名称	规模	服务对象	配置要求
市级	福利院或敬老院	大型设施	三无老人、五保老人	床位数>1 000床 建筑面积>30 000m² 床均建筑面积: 40~50m² 床均用地面积: 30~40m²
	老年公寓		低收入家庭老人	
	养护院		介护老人	
片区级	福利院或敬老院	中型设施	三无老人、五保老人	床位数>500床 建筑面积>20 000m² 床均建筑面积: 40~50m² 床均用地面积: 40~50m²
	老年公寓		低收入家庭老人	
	养护院		介护老人	
街道(镇)级	老年公寓	中小型设施	低收入家庭老人	床位数>300床 建筑面积>10 000m² 床均建筑面积: 30~40m² 床均用地面积: 30~40m²
	养护院		介护老人	

注:改建或扩建机构养老服务设施建设指标需结合具体情况单独研究,但原则上每床建筑面积不得低于20m²。

表3   昆山市社区居家养老服务设施配建标准

设施类型	服务半径(m)	建筑面积(m²)	最小床位数	设置规定
普通日间照料中心	小于800	大于500	20	每床建筑面积大于20m²,用地面积大于30m²,设置娱乐康复等设施
居住区级日间照料中心	1 000~1 200	大于1 000	40	每床建筑面积不小于20m²,与社区活动中心集中设置

表4 昆山市为老设施配建标准

设施类型	设施等级	设施名称	配置标准	规模	建设类型	占地类型	配置内容
卫生设施	市级	老年专科医院	1所老年病防治中心+3所老年专科医院（康复医院、护理院、老年病医院）	防治中心床位宜在500张以上，老年专科医院宜在150张以上	新建为主	独立	老年急性病诊疗、老年慢性病诊疗、老年病康复
	市级	综合医院老年专科	二级及以上综合医院宜需设立老年病科	床位数宜在50张以上	扩建为主	共享（部分可独立）	根据医院的专长设置相应的老年病科室
	社区级	社区老年护理点	社区医院应具备老年医疗保健服务设施	床位数宜在10张以上	扩建为主	共享	开展老年人医疗、护理、卫生保健、健康监测等服务
教育设施	市级	市老年大学	1所	2 500	在建	独立占地	提供全方位的、综合性的包括专业技术、娱乐休闲等内容，成为全市终身教育体系的组成部分
	区镇级	老年大学分校	按每个区镇各一所设置	800	新建	独立占地或共享占地	提供知识普及、娱乐休闲等内容，提供老年人继续学习、交流场所
	街道级	老年学校	按每街道一所、办事处各设一所	300	扩建	共享占地（与街道、镇文体中心合设）	提供娱乐休闲、交流学习等内容，丰富老年人的生活
	社区（村）级	老年进修班	按每社区、每村一所	100	扩建	共享占地（与社区、村文体中心合设）	提供娱乐休闲学习场所，满足老年人的教育需求
文体设施	市级	老年文体中心	1	4 000m²以上	新建	独立	图书室、音像室、文化书场、棋牌室、乒乓室、老年门球场地等
	区镇级	老年文体中心	13	3 000m²以上	新建或扩建	独立（可共享用地）	
	市级	老干部活动中心	1	1 000~3 000m²	扩建	独立	
公共游憩设施	城市广场			广场的自然性和亲和性，树木种植，锻炼区；太极、跳舞等健身活动场地；老年人座椅设置；下棋、棋牌场所；无障碍设施，台阶设置、铺装地面、残疾人坡道等；照明系统			
	城市公园			散步，适宜老年人的园路设计；锻炼区，太极、跳舞等健身活动场地；树荫、花卉、亭榭等设置；老年人座椅设置；下棋、棋牌场所；照明系统			
交通设施	无障碍设施	总体布局		1.新建道路、广场等公共空间及养老服务设施的无障碍达标率100%；2.已建道路、广场等公共空间及养老服务设施的无障碍改造率不低于70%			
		楼宇交通		1.有条件的老旧小区、建筑物无障碍改造率达到100%；2.新建建筑物无障碍设施达标率100%			
	公共交通设施	站点可达性		1.城区公交站点300m半径覆盖率不低于75%；2.养老服务设施周边200m范围内有公交站点服务			
		候车环境		1.公交站台无障碍设施达标率100%；2.乘车指引标志设计考虑老年人辨识能力；3.公交站亭设置老年人候车专用座椅			
		车辆配置		单条线路的无障碍车辆比例不低于30%			
	慢行交通设施	慢行休闲网络		养老服务设施周边500m范围内有独立的慢行休闲空间			
		为老环境塑造		1.慢行空间无障碍设施达标率100%；2.慢行通道沿线休憩设施间隔不超过500m；3.主、次干路交叉口安装行人过街音响信号装置			
		出行安全性		1.加强养老服务设施周边道路限速措施；2.主干路以上快慢交通需设置隔离设施；3.红线宽度40m以上道路设置行人二次过街安全岛			
	其他交通要素	交通指示系统		公共空间交通指引标志全覆盖，并考虑老年人辨识能力			
		交通优老政策		完善交通费用、出行秩序、座位享有、车辆驾乘等优老政策			

注：资料来源于昆山市养老服务设施专项规划（2012—2030年）。

虑选址的外部环境与自然条件等，满足老年人对居住空间的特殊需求。

四、结语

养老服务设施作为城乡规划行业长期关注较少的公共管理与公共服务设施，就目前国内城市建设现状而言均存在着较大的建设缺口。因此，本文以昆山为例，探索了养老服务设施的规划目标、规划原则、设施建设标准、规划布局引导等内容，希望对其他地区的养老服务设施建设有所帮助。

（感谢昆山市规划局和《昆山养老服务设施规划》项目组成员的贡献，项目组成员还有陈小卉、刘剑、陈国伟、邵玉宁、韦胜、王进坤。）

参考文献

[1] 老年友好型城乡规划研究——以江苏为例[R]. 南京：江苏省城市规划设计研究院，2010.

[2] 常州市基本养老服务设施布局规划（2010—2020）[R]. 常州：常州市规划设计院—华师大项目组，2010.

[3] 无锡市养老服务设施布局规划（2009—2020年）[R]. 无锡：无锡市规划设计研究院，2009.

[4] 陈小卉等. 老龄化背景下的城市化策略应对研究—以江苏为例. 中国城市发展报告2011.

[5] 中华人民共和国建设部. 城镇老年人设施规划规范（GB50437—2007）[S]. 北京：中国建筑工业出版社，2007.

[6] 中华人民共和国建设部. 城市公共设施规划规范（GB50442—2008）[S]. 北京：中国建筑工业出版社，2008.

[7] 中华人民共和国建设部. 老年人居住建筑设计标准（GB/T50340—2003）[S]. 北京：中国建筑工业出版社，2003.

[8] 昆山市养老服务设施专项规划（2012—2030年）.

作者简介

杨红平，江苏省城镇化和城乡规划研究中心，高级城市规划师。

养老设施策划及模式
Endowment Facilities Planning and Mode

生态养生养老产业发展探索
——以浙江省庆元县为例

The Exploration of Ecological Health and Pension Industry Development
—The Case of Qingyuan County

王志凌 金 鑫 王晓丽
Wang Zhiling Jin Xin Wang Xiaoli

[摘 要] 随着全球生活消费模式的生态革命和快速老龄化社会的到来，养生养老经济异军突起，它具有生态性、异地市场服务性、高端性及高度集群性等主要特征。本文以庆元县为例，从资源优势、发展重点和空间布局等方面探索了生态优势地区养生养老产业的发展。

[关键词] 生态；养生养老；老龄化；庆元；资源禀赋

[Abstract] With the ecological revolution in global consumption patterns and rapid aging society's arrival, A new force suddenly rises. Health endowment economy, it has the characteristics of ecology, the different market service, high-end, high cluster. In this paper, taking Qingyuan as an example, from the aspects of resources, focus on the development and exploration of the development of industrial space layout of old-age health ecological advantage area.

[Keywords] Ecology; Health Nursing; Aging; Qingyuan; Resource

[文章编号] 2015-65-P-040

一、生态养生养老经济的兴起

1. 全球生活消费模式的生态革命

人类社会经历数百年工业化，大大提高了生产和生活资料的可获得程度，人类生活产品也空前丰富，富裕的生活促使人类对自然和生命有了更深的洞察和理解，对其自身的生活方式也逐步发展出诸多全新的追求，自20世纪80年代以来的全球生活消费模式的生态革命是其生活方式转变的最重要体现，生态型的消费模式成为当今社会主导的消费潮流。生态革命、生态消费模式之所以能主导当今消费潮流，来自人类对人与自然可持续发展关系和对自身生命健康风险两方面的洞察和理解。

2. 快速老龄化的人口结构演变与银发经济、养老经济异军突起

由于社会医疗水平的迅速提高，人类的预期寿命快速增长，也由于经济水平提高生活方式改变，人类的生育率大幅度下降，这导致全球人口结构老龄化日益加剧。据官方统计，2010年世界60岁以上的老年人口达到6.88亿，每9个人中就有一个60岁以上的老年人，预计2050年这一数字将达到20亿，每5人中

将会有一个老年人，同时也将第一次超过全世界儿童（0—14岁）的人口数。目前世界老龄化程度最深的国家是日本，达到了27%。其次是意大利和德国，分别为26%及25%，且这三个国家均为发达国家。随着老龄化加剧，与老龄人口生活相关的产业、产品和服务需求将迅速增长，更因为老龄化的同时，人口生育率也迅速下降，这使得老年人口收入用于自身消费支出比重大幅提升，往往具有较强的购买力，形成具有巨大市场潜力的"银发经济"市场。有资料介绍，日本的老年人占全国总人口的17%，而储蓄存款额却占全国储蓄总量的55%。中国老龄科学研究中心搞过一项调查，我国城市老年人中，42.8%的人拥有储蓄存款。随着我国经济的发展，老年人的退休金也将不断增加。预测表明，到2020年，我国老年人的退休金总额将达到28 145亿元；到2030年，将增加到73 219亿元。这些资金，大部分将进入市场消费，关键看市场能否有效提供适应老年人需求的产品和服务。银发经济涉及的产业领域十分广泛，包括卫生健康服务业、家政服务、日常生活用品、保险业、金融理财、旅游娱乐业、房地产业、教育产业、咨询服务等。在追求生态型消费的时代，老年人口生态养生服务需求也必将蓬勃兴起。

二、生态养生养老经济的内涵及特征

1. 生态养生养老经济的内涵

生态养生养老经济，就是以良好的生态环境为基础，坚持可持续发展理念，以休闲养生养老服务及相关产品生产为主要形式的经济形态。在这一经济形态中，生态是基础，养生养老是目的。

良好的生态环境是养生养老的基础。在空气清新、天蓝水绿、风景优美的生态环境条件下，达到身心愉悦的境界，是生态养生养老经济发展的客观要求。因而对气候、水土、地形地貌、森林植被等均有所选择。古人主张在高爽、幽静、向阳、背风、水清、林秀、草芳之处结庐修养，故多选择名山大川、幽雅清静之处。

养生养老是生态休闲养生养老经济发展的目的。良好的生态环境、健康的休闲娱乐活动，都有利于人们养生。人们参与休闲活动，很大程度上是为了养生。生态休闲养生养老经济发展的水平和程度，最终要通过人们健康体魄、较高生活水平和质量体现出来。

2. 生态养生养老经济的主要特征

生态养生养老经济不同于普通的经济模式，它

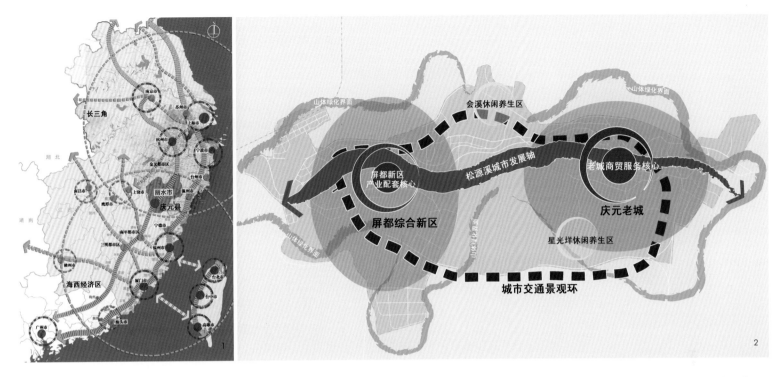

1.庆元区位图
2.规划结构图

具有七方面特点。

（1）生态性。无论是服务还是产品输出，生态养生养老经济均以生态为基础，休闲养生服务是在具有"森林覆盖率高、空气负氧离子高、水体质量好、气候宜人"的生态型消费服务环境中完成，相关的生态产品生产过程也均具有绿色、环保、原生态特征。

（2）异地市场服务性。生态养生养老服务是生态地区对非生态地区人口提供的服务，因此对享受生态休闲养生服务的人群而言，其实质是异地服务。

（3）高端性。生态消费是经济发展到一定程度的消费理念，生态养生养老服务消费需求更是收入储蓄累积到相当程度的需求，生态养生养老服务提供也要求高比例的要素投入，属于高成本的服务产品，无论需求还是供给，生态养生养老服务均属于高端服务产业。

（4）高度集群性。生态养生养老服务是对普通居住生活的升华，除了必备的生态资源服务外，更需要一系列高端生活服务设施、医疗卫生设施和诸多特殊养生服务设施，也在生态养生养老服务消费过程中构成了对一系列生态消费品的需求。所以生态养生养老经济不是一类或几类产业的简单组合，而是一系列相关配套产业的集群发展。

（5）高度专业化和高度分工。生态养生养老服务是居民生活的高端服务需求，对服务质量具有明显的要求，只有高度专业化的服务作业才可能满足其需求。同时生态养生养老服务作为一个产业来发展又必须具有高度的分工，要满足不同类型的休闲养生养老服务需求。

（6）高度外向型。异地市场服务性决定了生态养生养老服务增加值的最终来源为来自外地的休闲养生人群，因此当生态休闲养生养老经济上升为地区主导产业时，该地区的经济模式必然为高度外向型经济模式，为了更好地满足外来休闲养生人群服务需求，更有效地创造服务增加值，其地区劳动人口必然更多地转入生态养生养老服务产业，其他产业的就业和生产比重下降，一些没有生态要求的同时又是生态养生养老服务或本地居民生活所需要的商品必将主要依赖外地进口。

（7）高附加值。一方面，因为稀缺的生态资源和日益上升的养生养老服务需求，生态休闲养生养老服务必然成为高消费服务；另一方面，高度专业化和分工也意味着高端服务技术人力资源的形成，高端人力资源也必然要索取更高的服务附加值。所以生态养生养老服务是高附加值的产业。

3. 生态养生养老经济的发展重点

目前，国内外休闲养生养老经济主要集中在以下六个方面：休闲养生旅游业、生态养生农业、养生养老产品制造业、养生养老教育培训业、养生养老房地产业、养生养老医疗与健康管理业等。

三、庆元县生态养生养老产业发展探索

1. 庆元县发展生态养生养老产业的资源禀赋

庆元县位于浙江省西南部的丽水市，处于长三角和海西经济区的交汇地区，县域面积1 898km²，县城距丽水市233km，距省会杭州市532km。

（1）生态环境优越

庆元县森林覆盖率达到86%，有"中国生态环境第一县"的美誉，是浙江省重点生态功能示范区。境内山岭连绵，群峰起伏，境内最高峰百山祖，海拔1 875m，为浙江省第二高峰，此外海拔1 000m以上，相对高度大于400m的地区，其面积约占全县总面积的58%左右。境内河流众多，共有大小溪流926条，以百山祖为中心，地表水向东向北流入瓯江，向西流入闽江，向南流入交溪，分属三大水系。

（2）历史人文荟萃

3.养生养老片区图
4.综合交通规划图

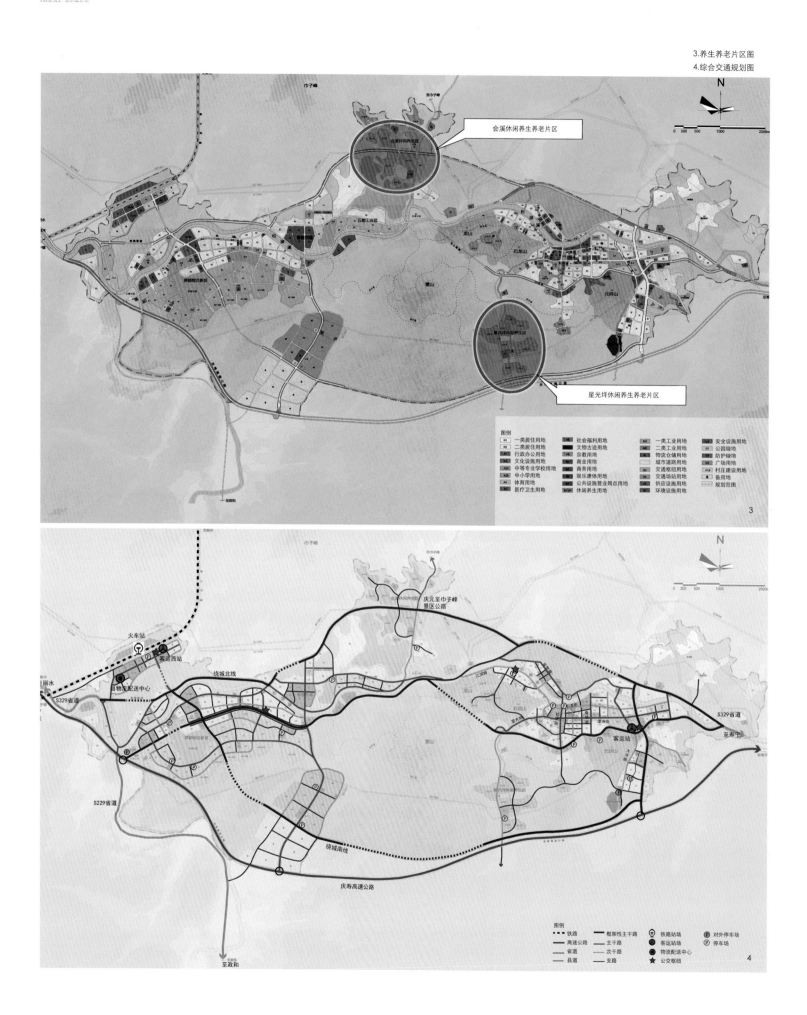

会溪休闲休养养老片区

星光坪休闲休养养老片区

3

4

南宋庆元三年（1197）置县时，以宁宗年号"庆元"为县名，置县至今已800余年。庆元虽地处偏僻，但民风淳朴，人文荟萃，县城东南部的大济古村，自宋代以来陆续出了100多位进士，是远近闻名的"进士村"。

（3）地方文化明显

在历史发展的长河中，庆元形成了独具特色的地方文化，其中最具代表性的有香菇文化和廊桥文化。庆元产菇历史悠久，素有"香菇之源"之称。除香菇外，其他食用菌资源亦很丰富，是庆元的特色产品。庆元还有"廊桥之乡"的美誉，目前有各类廊桥97座，是我国现存古廊桥数量最多、最集中的县。全国现存寿命最长的如龙桥，单孔廊屋最长的黄水长桥，单孔跨度最大的兰溪桥，有史料记载时间最早的双门桥、甫田桥均在庆元境内。

2. 庆元县生态养生养老产业发展重点与空间布局

（1）生态养生养老农业

按照庆元县发展生态休闲养生养老经济的总体规划和要求，以现有优势农业产业资源为基础，以发展生态农业为目标，重点发展休闲养生农业；积极调整农业产业结构，提高农民的组织化程度，充分调动广大农民参与生态农业建设的积极性；引进、改良国内外生态农业发展需要的农业品种和生态农业技术，重点扶植若干对生态农业发展具有带动作用的龙头企业，极大地提高农业生产的经济效益，发展成一个以休闲养生农业闻名的生态型农产品生产和加工基地。

（2）养生养老产品制造业

庆元养生养老产品制造业的发展要充分利用既有产品的品牌优势，首先应当选择在新开发设计的产品上进行品牌延伸，以加快新产品市场开拓的步伐，取得事半功倍的效果。

庆元县目前已经形成了竹木竹炭制品和食用菌加工等主导产业，这些产业都是依托当地特色资源集聚发展而成，具有绿色、生态和环保等特性，非常契合生态养生养老产业发展的内在要求。面对老龄化和老年产品市场迅速发展的态势，庆元县可以利用竹炭制品具有的品牌优势，设立中老年竹炭纤维养生保健制品生产项目，加强在中老年养生保健品上的品牌延伸和品牌建设。同时庆元应利用现有食用菌深加工生产能力，进一步开拓中老年养生保健食品市场，凭借其在食用菌多糖上的生产基础和研发能力，尤其是握有灰树花资源和产品，建立中老年养生保健食品生产基地。

（3）养生食疗产业

庆元县拥有丰富的食用菌资源，有着"中国香菇城"的美称。食用菌的保健和药用价值很多，主要表现在以下几个方面：首先是提高机体综合免疫水平；其次，食用菌还有抗肿瘤作用，科学研究表明，香菇、金针菇、滑菇和松茸的抗肿瘤活性分别达80.7%，81.1%，86.5%和91.8%。再有，食用菌还能预防和辅助治疗心脑血管系统疾病，如高血压症、高血脂症、动脉粥样硬化、脑血栓等。

根据庆元县的实际情况，可以建设食用菌食疗养生基地，开发食用菌养生的新途径。食用菌养生基地内包括食用菌的种植、食用、药用、工艺品生产等多方面的内容，下设食用菌种植园、食用菌食疗馆、食用菌制药开发生产区和食用菌创意开发区。食用菌种植园主要进行多品种食用菌的种植和种植技术的研发，内部设有食用菌专供工厂，生产高档、高品质的特供食用菌产品，直供重要机关部门和高端养生会所；食用菌食疗馆主要进行食用菌相关的餐饮服务，开展和推广食用菌食疗，开发食用菌养生药膳，并且提供养生餐饮服务，着力打造食用菌养生食疗品牌，在品牌经营上可以采取特许加盟或者参股、引资等多种途径，在国内外推广；食用菌开发生产区主要吸引各科研机构和企业入驻，从事食用菌药用领域的研发和相关产品的生产；食用菌创意开发区主要展开食用菌文化创意产业的延伸发展，开发食用菌创意产品，例如食用菌工艺品等。

（4）休闲养生养老地产

我国老年人养老方式随着社会发展呈现多样化的趋势，适合老年人居住的建筑根据养老模式的不同可划分为三种类型。

①居家养老模式

居家养老是我国主要的养老模式。居家养老居住形态依老年人与子女居住的分离程度又可分为合住型、邻居型及分开型。

②社会养老模式

社会养老即由社会提供养老机构接纳单身老人及老年夫妇居住，提供生活起居、文化娱乐、医疗保健等综合服务。社会养老设施一般包括老年公寓、养老院、护理院及相关医院等。

③"候鸟式"养老

随着社会生活的发展，越来越多的老年人具备了休闲式养老的条件，候鸟式养老逐渐成为老年社会养老趋势。

庆元县生态环境得天独厚，负氧离子含量高，具有发展养生养老地产的优良条件。规划顺应养生养老经济发展趋势，结合地形地貌，在城区周边规划会溪和星光坪两片集中的生态休闲养生养老片区，以养生养老地产功能为主，结合疗养保健、旅游休闲、宾馆度假等功能，打造高品质的生态休闲养生区。建筑以2～3层为主，依山就势进行布局，禁止对山体大开大挖，建筑材料宜采用庆元天然建材，如竹木、石头等，创造世外桃园的居住环境。

（5）生态养生养老教育培训业

生态养生养老教育培训的对象主要包括两大类，一类是有志于从事休闲养生业工作的人士，以及健康管理和养生机构的领导及主要专业技术人员；另一类是参与生态休闲养生的人士，这些人在休闲养生的同时，也希望掌握一些休闲养生的理念及方法。

结合庆元实际情况，庆元生态养生养老教育培训应主要围绕以下四大目标进行发展推进：其一，发展相关职业教育，培养大量休闲养生养老方面的专业人才，为庆元及周边县市休闲养生开发提供有力的智力支持。其二，发挥丽水学院等地方普通高校的作用，重视发展休闲养生养老方面的特色重点学科。其三，加快发展休闲养生领域的成人培训教育。其四，加强休闲养生养老领域师资队伍建设，做好教师资格认定工作，提高师资队伍整体素质。

四、结语

随着全球生态消费理念的深入人心以及我国老龄化社会的快速到来，生态养生养老产业将迎来巨大的发展机会，它具有生态性、高端性、集群性和高附加值性等特征，契合了我国经济从投资驱动型向消费驱动型的历史性转变。

生态优势地区一般都具有良好的生态环境，在新的发展理念和发展背景下，需要以良好的生态作支撑，大力发展生态养生养老农业、养生养老产品制造业、养生养老教育培训业、养生养老房地产业与养生养老医疗与健康管理业等相关产业，并落实相关扶持政策，从而促进生态优势地区的经济发展和产业转型。

作者简介

王志凌，浙江省城乡规划设计研究院，硕士研究生；

金　鑫，浙江省城乡规划设计研究院，硕士研究生；

王晓丽，河南省城乡规划设计研究总院有限公司。

对城市"居家养老"的理性解读
——以上海为例

Explanation of Family-Community Support of Old Age
—A Case Study of Shanghai

刘婷婷　王颖
Liu Tingting　Wang Ying

[摘　要]　以上海为例，分析社会老龄化趋势的特征，在分析当前上海老龄群体的经济、社会、家庭状况和老年人的居住方式，以及传统家庭养老方式危机的情况下，论证大力发展城市"居家养老"的必要性。并从居家养老的伦理层面、社会支撑层面和居住环境层面，对其进行了理性解读，全面剖析了居家养老的内涵和意义。

[关键词]　老龄化；居家养老；孝文化；社会保障；社区照顾

[Abstract]　Making Shanghai for an example, analyzing the character of aging direction. Based on the realization about the status of economic and societal problem, family and living situation, we support to develop the "Family-community support of old age", then from the aspect of ethic, social support and living environment, to explain the "Family-community support of old age" comprehensively.

[Keywords]　Aging; Family-community Support of Old Age; The Culture of Piety; Social Security; Community Care

[文章编号]　2015-65-P-044

一、上海城市居家养老的现实分析

上海是我国最早进入老龄化的城市。目前，上海市人口老龄化已经高于全国水平，上海60岁及以上老年人口的比重已上升到2013年的27.6%。根据联合国2006年2月份公布的数据，上海的老龄化已经超逾日本（22%）。《上海市人口老龄化报告书（1998年）》预测：2010—2020平均每年净增14万～15万人左右；2020—2030年是上海人口老龄化的顶峰时期，总数将达460万左右，占总人口的比重将上升到32%左右，届时上海将成为高度老化的城市。可以预见的是，21世纪上海人口老龄化所带来的养老负担问题不会仅仅是经济供养方面的问题，而且在生活照料和精神慰藉方面的问题会日趋突出。

1. 老龄群体的结构变化趋势

（1）年龄结构——家庭老龄化的加速，高龄化时代即将到来

从表1可见，上海市老年人口在近10年呈现加速增长的趋势。资料显示，上海市60岁以上老年人口增长了2.75倍，而80岁以上高龄老人则增长了10.3倍；且以平均每年5.86%的增长率高速增长，远超过

60岁以上老人平均每年3.49%的增长速度[1]。

表1　60岁及以上老年人口数量和老年人口系数（老年人口系数：60岁及以上老年人口占总人口的比例）增长情况比较

	总增加人数（万人）	年均增加人数（万人）	老年人口系数增加量（%）	老年人口系数年均增加量（%）
1995—2000年	+11.93	+2.39	+0.73	+0.15
2000—2005年	+25.72	+6.14	+1.27	+0.25
1995—2005年	+37.65	3.77	+2.00	+0.20

随着本市老龄化程度加深，必然会出现老年人口高龄化特征。高龄老人在供养、医疗、居住和生活照料等方面远比低龄老人复杂困难，必将对城市未来的发展产生重大影响。

（2）地域分布结构——中心城区老龄化高于边缘区，边缘区增幅强于中心

上海市中心城区的人口老龄化程度仍高于新建城区和郊县，但后者的人口老龄化增幅高于中心城区。中心区户籍人口占全市户籍人口45%，但46.7%的60岁及以上老年人口、48.5%的65岁及以上老年人口、51.2%的80岁及以上高龄人口分布在

中心区（表2）。

从各年龄段老年人口区域分布看，虽然中心城区各年龄段老年人口规模都在扩大，比重较高，但更多的老年人口有向非中心区扩散趋势。

表2　2005—2006年各区域老年人口占总人口比重

区域	60岁及以上	65岁及以上	80岁及以上
中心区	0.46	0.09	0.23
近郊区	0.59	0.25	0.20
浦东新区	0.57	0.16	0.19
远郊区	0.71	0.41	0.17
崇明县	0.96	0.47	0.12

注：资料来源于"上海市老年人口信息"，上海老龄科研中心。

2. 当前城市老龄群体的社会状况

（1）经济层面：仅为社会平均收入的一半，处于中下水平

据2012年统计，上海领取养老金的离退休人员378.4万人，全市有90.3%的老人以养老金（或养老补贴）为主要收入来源，38.4%个人全部月收入在2 000元以下。城镇老人平均个人收入仅为社会平均收入的一半左右，部分老年人的经济状况因子女良

1.居家养老的支撑体系
2-3.威宁小区加装电梯后出入口处和电梯厅实景及安装位置
4-7.示意图

好的经济状况而有所改善。但总体来看，老年人经济状况处于中下水平。上海老年人中有19.6%的老人对自己现在的收入和财产状况感到不满意。空巢老人，特别是独居老人当中经济困难比重比较高，上海市2012年共有空巢老人92.21万人，约占户籍人口老年人总数的29.2%，其中独居老人18.87万人，赤贫、经济状况很困难和较困难的占10.2%。

（2）社会层面：基本实现保障全覆盖，但机构养老设施缺乏

上海养老及医疗保障基本覆盖所有老年人口。自2001年起，上海逐步建立多层次的基本医疗保险制度，并陆续解决了城镇高龄无保障、重残老人等人员的医疗保障问题。2008年，实施了城镇居民基本医疗保险制度，并向老年群体倾斜，至此，上海老年人全部纳入制度保障覆盖范围。2013年全市60岁及以上老人领取城镇基本养老金的人数共计260.32万人，占老年人口68.6%。在医疗保障方面：本市养老保险制度全覆盖和社会救助制度的实施，对保障老年人经济收入来源起到积极作用。在既有老年人口医疗保障基础上，在政府部门和社会各界的共同努力下，医疗保障基本覆盖所有老年人口。

但上海机构养老设施仍显不足。截至2010年底

全市共计养老机构625家，比上年增加1.6%。床位数共计9.78万张，占60岁及以上老年人口的3.0%。即上海目前的养老设施最多仅能满足全市3%老人的养老需求，而按照国际标准，这一比例达到5%～8%，才能满足实际需要。

（3）家庭层面：家庭小型化、少子化，空巢比例不断增加

家庭户规模继续缩小，人户分离现象比较突出。据上海第六次人口普查，2010年上海家庭户户数为825.33万户，家庭户平均人数为2.5人，6成以上家庭为2人或3人。表明三人户或二人户的家庭规模已经成为本市家庭户的主体。家庭趋向小型化，少子化。空巢家庭的比例不断增长，大量的独居户存在。独居老人已经占到老年人口的10.4%。

3. 小结：传统家庭养老方式面临挑战

社会变革削弱了传统家庭对于老人的赡养功能。家庭结构的变化使孩子成为家庭中心，忽略了对老人的照顾，养老尊老敬老观念淡化；代际之间的差异和生活节奏的变化，使两代人倾向于代际分居，导致空巢家庭增多，对老年人照顾往往心有余而力不足；以往的住宅在设计时未考虑到老年人的特殊需

求，致使老人在居住多年的住房中感到行动不便。

二、居家养老的伦理价值支撑体系

居家养老就是老年人在家中居住，接受由社区提供养老服务的一种养老方式。居家养老不同于传统的家庭养老，实质上是指传统的家庭养老与现代的社区养老的混合体。"居家养老"是"家庭养老的延伸"，是家庭养老和社会养老的有机结合。本文将从伦理价值、社会支撑和居住环境三方面论述其构成体系。

1. 继承传统养老伦理的现代价值

现代社会将老年群体定义为弱势群体，而在传统社会中人的年龄意味着身份和社会地位的省钱，老年人在家庭中具有核心位置。现代养老应该将"养老"、"敬老"融为一体，重塑"敬老"的理念。

我国自古倡导"以德治国"，而"孝为德之本"，"孝"被认为是人格评判的标尺，乃至作为评判个人品德、家庭美誉度、社会风尚的最高标准。在养老过程中将责任伦理与孝行的道德评价合一，形成敦促养老、敬老礼仪教化的氛围。

传统文化以寿者为福，民间积累了敬老养老的诸多醇厚礼仪和风俗。老人能够颐养天年、享受天伦之乐是个人和家庭的福德。愈寿愈荣的颐养意境体现了东方社会特有的人伦之美。

综上，"以老为尊"作为伦理基础，以"德孝一体"作为道德支撑和舆论保障，以"长寿多福"作为理想境界来构建养老伦理的现代价值。

2. 从道德、礼俗与政策三个层面建立居家养老伦理的支持体系

中国特色的家庭养老需在新的时代背景下变迁演进，需要通过施行长远有效的文化策略，从道德、礼俗和政策等三个层面保障、维论养老伦理责任的推广落实，培养适应时代的、趋于成熟的养老文化风尚。

（1）道德层面：建立居家养老的社会伦理教育普及机制

新一届政府强调道德力量是国家发展、社会和谐、人民幸福的重要因素，把恪尽养老职责、作为基本的社会道德指标，并对之进行舆论引导。影响公民的荣辱观和价值观，通过舆论环境形成有监督的社会道德氛围。

（2）礼俗层面：培养居家养老的社会风雅氛围

传统固有的敬老、养老礼俗在现代生活中日趋式微、淡化，应在挽回传统同时着手建立新的风尚——培养以家庭养老为主线，家庭孝亲、社会尊长、国家尊养三位一体的新时代养老礼俗。

（3）制度层面：建立居家养老的社会伦理保障机制

将尊老、敬老的道德伦理规范施以完善的制度化、法律化，确保个人和家庭养老基本义务的落实执行。加快制度创新，确保老年人合法权益落到实处，在保障老年人诉求畅通的同时，对不履行赡养义务的人依法追究；依靠系列政策手段，强化家庭养老功能。

三、居家养老的社会支撑体系

居家养老的资源来源应该包括自我、家庭、社区和社会。其中，自我和家庭仍然是养老体系的核心，社区和社会则作为有效的补充和辅助手段。

1. 核心层次 1：自我——老年群体

自我养老是指既不依靠子女或亲属（或者无从依靠），自己依靠储蓄或劳动收入或其他收入（如租金、股金）维持生计，个体自我提供养老资源的养老方式。在如今社会经济条件较发达的地区，尤其像上海这样经济发达的城市，自我养老也有极大的可实施性。

2. 核心层次 2：家庭——老龄人口家庭

在世界范围里，家庭是老年人主要的照料者。家庭养老制度是一种跨文化的存在。随着社会化养老方式的完善，家庭有可能不再是养老资源的直接提供者，城市老人的经济来源将主要依靠养老金和社会保障，但家庭的责任、关怀，不会随着养老方式的变化而改变，家庭成员提供的亲情关怀和精神慰藉的作用是无法简单替代的。

3. 外延层次 1：社区——社区照顾

发达国家经验表明，社区在社会养老体系中发挥的作用是勿庸置疑的。如今，我国也正在经历家庭规模和结构的变化，社区就成为解决养老问题的关键性依托。居家养老社区照顾的服务体系通常应该包括：社区老年医疗援助系统、社区老年心理援助系统和照顾老年人的社区支持专业人员三部分。

4. 外延层次 2：社会——社会保障体系

完善的社会养老保障体系能够使老人更加自由地选择自己的养老方式。以上海为例，以享受社会保障、以退休金或社会养老金为主要经济来源的居家老人占到很大比例，这使得很多老人在经济上能够做到自立。不仅不必依靠子女，还不同程度地补贴子女。经济自立会带来观念的改变和心理上的独立自强，从而更注重自己的生活质量和精神享受。

四、居家养老的居住环境

居住区建设中应对于居家养老的住宅环境、社区环境和社会环境都应进行相应的考虑。通过对上海中心城区若干小区的调查，老年人居住在50～70年代建造的小区占70%，70～90年代建造的小区占50%。小区住房大多为多层或低层的旧住宅，普遍存在功能不全和设备老化、缺失的问题，很多住区内环境凌乱，亟需整治。所产生的问题突出表现在以下四方面。

（1）在多层旧住房中，由于没有电梯，或缺少辅助设施，老年人、尤其是居住在5、6层以上的老年人行动和上下楼梯甚是困难，极易导致骨折、脑血管异常等事故和病患。

（2）旧住房因长期使用，电线老化，又无消防设施，有些甚至没有抽水马桶，极易引发灾害或事故，也影响了老年人的生活质量。

（3）旧住区公共服务设施配置欠缺，条件简陋，影响了老人间的活动和交流。

（4）部分旧住区内卫生状况差，植被缺乏，影响老年人的身心健康。

近些年新建的住宅小区在适应居家养老的方面总体情况相对较好，但是由于没有充分应对老龄化的设计考虑，也存在改进和完善的余地。

由此可见，上海现状的居住环境在适应老年人的生活需要方面，成为推行居家养老方式的一大阻碍。为建立与居家养老相适应的居住环境，在下列方面需要加以改进：开展以社区为单位的老年人口居住生活情况普查，有应针对性地对老年群体聚居的社区做整治规划；面对老龄群体比重的不断提高及其对住所的要求，通过适当改造提高旧住宅的适居性能；将住区内针对老年人的提高适居性的工作与旧房改造和物业整治捆绑进行；多层住宅加装电梯，提升居家养老的适居性；强化社区内养老服务的辅助功能，如"老年人日间活动中心"、"上门服务中心"等。

五、对于城市居家养老的政策性建议

目前，上海在居家养老政策方面已经着手进行了诸多创立和完善。如纳入上海市政府实事项目、纳入政府财政预算，并设立了政府购买服务的养老服务补贴制度。2007年末，上海社区助老服务社共计234个，老年人日间服务机构128个，服务人数13.5万人，增长28.6%，其中获服务补贴的困难老人6.84万人，增长14.7%。对于补贴对象，已涵盖60岁及以上低保、低收入且需要生活照料（分轻度、中度和重度）的本市户籍老人，给予最少300元/月的补贴，中度则400元/月，重度500元/月。管理层级方面，建立了社区居家养老服务的三级工作网络。市、区城里居家养老服务指导中心，街镇成立社区指导中心及居家养老服务社。资金来源方面，目前来源渠道单一，依靠政府投入、市区两级财政资金为主，福利彩票公益金为辅，基本无社会及个人资助。从业人员方面，结合"万人就业项目"，主要招用失业、协保人员和农村富余劳动力。但在实际操作层面还存在诸多困难，包括就业意愿不强、岗位较少等。从已有政策来看，上海市居家养老服务已经具备基础的管理框架和服务安排，但在具体操作层面，缺乏相关的监督、推进和资金筹措部门，对于具体的养老服务内容，也有待进一步健全。因此，本文将从机制与政策保障、

社区职能和财力支持方面提出四点建议。

1. 机制与政策保障

（1）把居家养老纳入社会保障的范畴，并建议成立专门组织机构，全面负责和管理城市居家养老的工作，即从组织上落实居家养老的工作。从政策上，为居家养老目标和措施制定相应的计划，确保措施的可持续实施。如政府在制订租赁对象及经济适用房销售对象时，对居家养老的对象给予更宽松的政策倾斜。在政策上，制订鼓励子女与父母共同居住或就近居住的政策，如售房优惠、减免税收等方面予以政策性支助。在法规上，明确老年住房的设计标准、造价标准，建造、管理和使用制度。

（2）规范程序，即对于居家养老的改善步骤应明确列出行动计划，根据计划和有关制度有序实施。计划中应包括从立项、资金筹集方式、改造项目、改造程序、改造目标等各个方面加以明确。必须建立居家养老改造措施的评估及回访机制，及时了解改造的社会效应和老年居民的使用效果，从资金募集、改造计划和程序、综合效益、改造质量等各个环节进行评估，以总结改造过程中的经验、教训和创新点，使得后续工作更加规范化、科学化、人性化。

（3）在组织实施上，列入市政府为民办实事工程。从目前来看，多数老年人居住在设施条件相对较差的老城区内。要促进居家养老事业的健康发展，进一步改善他们的居住条件和居住环境是居家养老的当务之急。因此，对居家养老的设施改善要和旧城区改造工程相结合，并列入市政府每年为民办实事的项目，并确保这些项目如期的、保质保量的完成。

2. 强化社区作用

社区与街道是居家养老的又一个重要支撑。重点依托社区街道承担"居家养老"的切实支持，组织居民以及社区志愿者通过加强邻里扶助网络组织，根据居民自己的需求和意愿来解决所在社区中面临的老龄者居家养老问题。

（1）加强社区层面在设施和服务上对"居家养老"的支撑

以社区为单位，组织建立人员档案明细，确定需要帮助的老人，并尽量按其所需提供社区帮助；对既有社区的医疗保障、餐饮、文娱、保安等服务设施的设置与效用进行评价，完善居家养老在社区服务层面的职责。

（2）构建社区内居民之间的互助，健全社区服务工作人员体系

培养具有专业素质的社区服务队伍，同时发扬邻里互助的作用，重拾"远亲不如近邻"的价值，把"家"的概念由血缘共同体拓展为地缘共同体，以邻里互助补充家庭自助。

（3）建立长期的社区志愿者计划，弥补社区专业工作者不足

组织社区志愿者来应对动态的、变化的服务需求是最好的形式，也是建立居家养老服务体系的最好补充。为满足居家养老的社会需求，必须应通过长期的支持计划和规范的流程，对志愿者有计划的组织培训，成立一支有素养的志愿者队伍，并通过各种方式予以表彰。

3. 多元化的财力支持

（1）鉴于"居家养老"重要的社会意义，政府应在财政上予以持续的支持，这是"居家养老"顺利实施的前提。

老龄群体属于社会弱势群体的一部分，特别是由于体制改革的背景，老龄群体还是低收入阶层的主要构成。要构建"和谐社会"，实现社会公平，政府应该在资金上予以稳定的支持，如将社区提供居家养老服务所需的资金纳入养老的社会保障体系中来。

（2）建议成立"居家养老保障基金"切实解决居家养老的资金困难，政府、社会、个人多元化募集资金。

仅依靠政府的资金是不够的，应同时接受企业和民间团体、慈善组织的捐助，并由专门机构负责管理基金的募集和调配。社区内的经营性服务设施应该与养老服务设施捆绑管理，通过经营性设施收入支持社区内居家养老的必要经费开支。老龄群体也可以通过参与居家养老互助活动，"谁参与，谁受益"的方式，个人贡献一部分。

4. 加强舆论督导

加大宣传力度，继续弘扬传统文化敬老尊老的精神，将居家养老的获得广泛的社会支持，使居家养老模式产生更多的社会效应。

六、结语

居家养老是一个庞大的系统工程，需要政府、社会、家庭协同配合和支持。当前，尤其是政府要强化对居家养老的支持力度。社区要建立居家养老完善的服务体系。成立民间性老人照顾机构，建立扶助网络组织，做到民办与官办结合、专职人员与兼职人员相结合、有酬劳动和义务帮扶相结合，和专职队伍与志愿者队伍相结合的服务体系。为老人提供饮食服务、医疗保健、休闲娱乐和其他家政等全方位服务。促进居家养老的健康发展，为构筑和谐社会、和谐社区与和谐家庭迈出坚实的步伐。

注释

[1] 尹继佐. 2003年上海社会发展蓝皮书. 上海社会科学院出版社，2002年，第196页。

参考文献

[1] 上海市老龄科研中心，[DB/OL]2005年上海市老年人口状况与意愿跟踪调查.

[2] 上海市老龄科研中心，[DB/OL]上海市老年人口信息2001—2005.

[3] 上海市老龄委员会，上海市老龄科研中心. 上海市人口老龄化报告书（1998年）[R]. 1999.

[4] 上海市统计局，上海市统计年鉴（2006—2013年）[DB/OL]，http://www.stats-sh.gov.cn/.

[5] 杨蓓蕾. 构建面向生活质量的城市养老体系探析：以上海市为例. 同济大学学报（社会科学版），Vol.17 No.4，2006年8月.

[6] 童欣. 日本家庭经济制度变迁与养老方式选择的思考. 现代日本经济[J]. Vol.139，No.1. 2005.

[7] 赵丽宏. 我国与西方养老现状之比较及其启示. 学术交流[J]. Serial No.141，No.12，2005年12月.

[8] 靳飞，薛岩. 从我国人口老龄化社会中养老模式的选择谈居住区规划设计. 建筑与规划理论研究[J]. 2005年1月.

[9] 王建. 空巢家庭一个真实的存在. 中国国门时报[N]. 2004年11月.

作者简介

刘婷婷，同济大学，建筑与城市规划学院城市规划系，博士研究生；

王　颖，上海同济城市规划设计研究院，一所所长，留德博士后。

银发社区规划实践
——以国寿廊坊生态健康城为例

Graying Community Planning Practice
—China Life Langfang Eco-city Conceptual Planning

李继军 李鹏涛
Li Jijun Li Pengtao

[摘　要]　随着老龄化步伐的加快，完善社会化养老服务体系已经成为我国一项重大民生工程，传统家庭养老和机构养老已无法解决我国突出的老龄化问题。在对国内养老服务体系研究基础上，作者从规划、建设、产业、住宅产品设计等方面提出了银发社区建设模式，并在国寿廊坊生态健康城项目中进行了探索实践。

[关键词]　养老设施；银发社区

[Abstract]　With the process of aging population accelerated, the traditional models for supporting the aged by family or institution, which were effective in the past, are not sufficient to address the new aged now. So it has become a significant livelihood project to establish an improved social service system for supporting the aged. Based on the research of the aged service system at home and abroad, the author will put forward the new construction pattern of "graying community" from aspects of planning, construction, industrial, residential product design etc, which has been put into practice in the project of China Life Langfang Eco-city Conceptual Planning.

[Keywords]　Facilities for the Aged; Graying Community

[文章编号]　2015-65-P-048

一、养老设施发展判研与银发社区的定义

上世纪末我国开始进入老龄化社会，2010年第六次全国人口普查数据表明我国60岁及以上老年人口达1.78亿，占全国总人口的13.26%。计划生育政策带来的人口红利正逐步衰减，同时这一政策的后期效应必将使老龄化"跑步前进"，老龄化问题已成为中国目前乃至将来很长一段时间面临的最大挑战之一。

随着社会经济水平的提高，国家已将建设完善社会化养老服务体系作为重大民生工程。目前我国养老服务主要有家庭养老和机构养老两种方式：

传统家庭养老的方式功能正逐渐弱化。1979年开始实行独生子女政策至今，我国第一代独生子女的父母已经开始步入老年。他们与自己多儿多女的父母不同，唯一的子女将承担赡养他们的重任。现在越来越多的家庭将出现4个老年人、1对夫妇和1个孩子，"四二一"甚至"四四二一"结构在城市中越来越普遍，抚养负担加重导致家庭养老的现实可操作性越来越弱。

而"未富先老"的中国现实国情又导致了目前机构养老无法满足社会养老需求的尴尬现状。与发达国家相比，我国经济发展水平较低，社会服务功能建设相对不足，养老保障制度尚不健全，养老设施投入不足；随着我国老年人口数量的进一步壮大，养老设施相对不足的矛盾将愈发凸显。

家庭养老功能弱化和机构养老短缺促使我们要探索一条可持续的养老设施建设模式。银发社区正是基于这一背景而提出的。银发社区是以居家型社区养老作为重点，以养老服务为导向、并提供一定比例的养老住宅的综合社区。这个概念强调两个要点，一个是面向全年龄段人群的综合社区，即银发社区不是字面上理解的老年人聚居社区，而是对各年龄阶层人群开放的以两代居或者三代居模式为主的社区，以居家型养老为主导，以避免出现整个社区"暮气沉沉"、急救车"笛声"不断的悲惨景象；第二个是强调一定比例的养老住宅，在整个社区中会设置专为老年人设计的养老住宅产品，公共服务设施以为老年人服务为优先，以便于跨过养老医疗服务设施的最低门槛，避免过度依赖外部医疗资源。

二、项目概况

为推进我国老年事业发展，提高老年人生活质量，中国人寿保险（集团）公司在与国家相关部门、国外投资机构及养老机构深入交流的基础上，正式进军养老产业，并拟在河北省廊坊市建设其首个综合化养老社区。

廊坊市地处北京、天津两大直辖市之间，被誉为"京津走廊上的明珠"，距离北京市中心40km，离天津市中心60km，京津地区将成为该养老社区项目的主要客户目标市场。项目基地位于廊坊市三大城市组团之一的万庄区北部，处于廊坊市界与北京市界交界区域，占地面积约3.74km²。现状环境优美，并直接毗邻未来首都第二机场。

三、规划思路

项目依托周边便捷的交通条件和优良生态环境，借助廊坊中心城完善的基础设施配套，打造以京津市场为主导，以地区养老需求为补充的多元化健

康养老社区。在生态肌理组织上,方案以自然生境为本底,构建"亦城亦乡"的空间格局,在提供现代城市公共服务的同时,试图再现一幅恬静自然、舒适优美的归隐田园画面,满足老年人回归自然、回归平静的心理生理需求;在社区人群及产品构建上,以"全年龄段活力社区"为理念,探索可持续、可负担、多元化的养老社区模式;同时在社区的所有公共服务设施配套与布局规划上,均以老年人需求为优先导向,并综合考虑起居活动与功能设施环境的便捷性、针对性和安全性。最后,作为一个综合性养老社区,不仅仅是提供简单的养老住宅及相关服务配套设施,规划还试图构建一个完善复合的养老产业体系,作为维持社区长久运作的重要依托。

四、规划特点

1. "南城北乡"的总体布局结构,既形成"田园养生"的生态格局,又有利于分期建设

万庄区是典型的组团化城市格局,组团之间以大型生态绿地相隔离。项目基地位于北部组团,其南部区域与万庄中心城最近,交通便利,北部区域则与外围大面积自然乡野接壤。因此方案采取"南城北乡"的空间布局:(1)南部区域与万庄中心对接,基础设施条件具备先期启动优势,适宜进行中等强度的开发,建设活力型居住区及城市生活配套。在人气快速集聚的同时,城市服务职能也得到完善,从而提高了基础配套设施供给与运营维护的效率。(2)北部区域打造与自然环境相'嵌合'的养生养老社区。采取贴近自然乡村的低强度开发方式,自然乡野'包裹'着独立的养生组团,营造出"田园养生"的社区氛围。

2. 全年龄段的人口结构,养老社区并"不老"

规划对银发社区的定义是:以居家型社区养老作为重点,以养老服务为导向、提供一定比例的养老住宅的综合社区,但不是纯粹的老年人聚居社区。即在居住人口上对全年龄段开放,但在设施配套、环境营造等方面更强调为老年人服务优先的原则。为此,规划在'南城'更多布局活力型住区,以传统家庭居住单元为主,从而保证了健康城拥有一定比例的年轻人群。'北乡'则依据不同年龄阶层及健康状况的老年人生理心理特点,提供包括独立生活型居所、协助护理型居所、精细护理型居所三类居所,分别在看护服务、户型设计、收费标准、家具设施等方面有所区别。'北乡'可满足五十岁以上养生养老群体的各类需求,多年龄段人群的有机融合和生活互动也为片区带来了活力。

3. 以老年人需求为导向,调整优化公共服务设施体系

养老社区必须要关注老年人的价值诉求,根据老年人日常生活起居的特点,营造既适宜日常活动又能满足精神需求的公共设施与活动空间。因此,规划在对常规社区公共服务配套设施配置的基础上,适当增配了老年服务设施的比重,缩小其他类设施指标,实现老年人在社区中"老有所养、老有所医、老有所乐、老

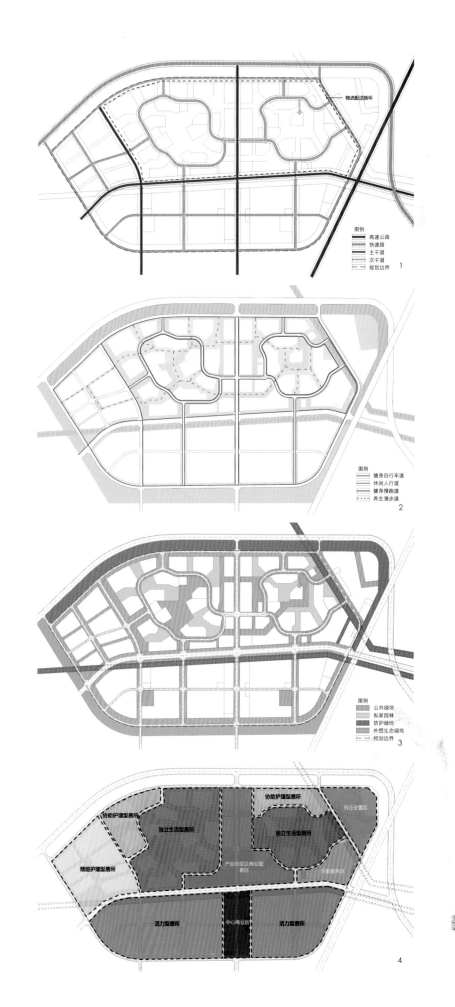

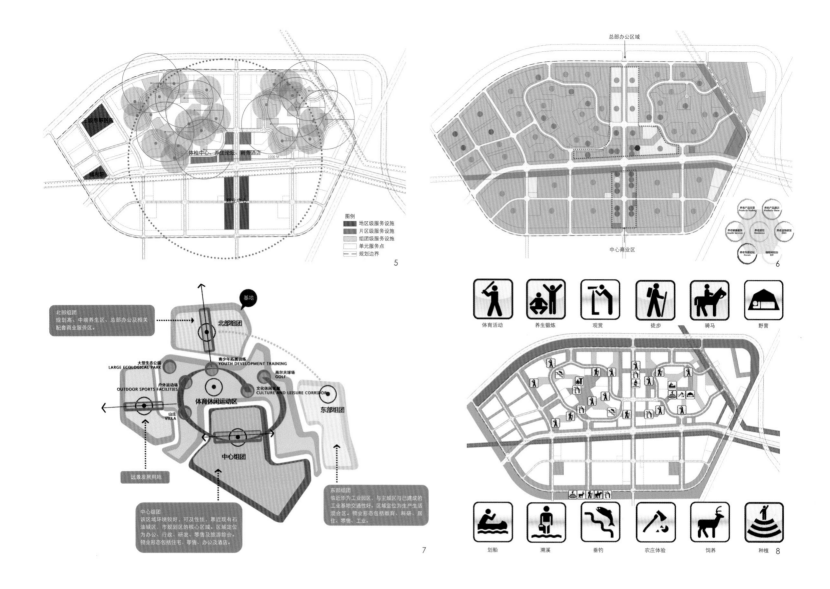

有所学、老有所为"的目标。为此，规划增设了如健康医疗机构、老年大学、老年运动俱乐部、耕作园地、社区助餐点、日雇中心等多元化服务设施，并对环境安全性提出了相应要求。

规划按照服务设施需求层级将其划分为地区级、片区级和组团级。重点满足老年人看护、交往、学习、实践四个方面的需求。

4. 以利于老年人安全出行和健康漫步为目标的交通组织方式

规划城市、社区、邻里三级道路系统。除城市道路系统之外，养老社区内部采用环路+尽端支路的交通组织方式，兼顾社区公共性和组团私密性的双重需求；环路采用自由曲线的形式，既能降低车速保证安全性，又提供了丰富的视觉景观；环路上还设置以电瓶车为主的公共交通，即招即停，可方便老年人快速便捷到达社区主要公共区域。

对于老年人而言，漫步是其最为主要的健身康复运动方式，为此，规划设置了健身自行车道、休闲人行道、健身慢跑道及养生漫步道四种类型的慢步系统。在空间流线设计上充分考虑场地周边活动的影响，保证长者在购物、游园、就医、访友等一般室外活动时不穿过城市主要街道，避免步行与机动交通交叉，大大提高了活动的安全性。同时规划还特别设计了双步道的形制系统，即在道路红线外设立独立的游憩漫步道，以便于结合道路两侧绿化种植和休憩设施进行综合设计，提供高品质的步行空间环境。

5. 延展养老产业链，打造养老养生高端平台

在养老住区产品设计基础上，规划依托京津腹地城市医疗产业集群的优势，在基地范围内建立现代健康养老产业平台，构建从养老设施研发、养老产品

表1　养老服务配套设施体系

需求	设施等级	服务设施
看护	地区级	三级甲等医院、社会福利院、咨询体检中心、复健中心
	片区级	24小时监控中心、健康管理中心（水疗、康健运动、基本医疗护理等）
	组团级	社区助餐点
交往	地区级	教堂
	片区级	俱乐部（保龄球、门球、钓鱼等）
	组团级	邻里中心、健身公园
学习	片区级	老年大学、老年图书馆
	组团级	老年茶书院
实践	地区级	社区老年委员会、度假酒店（解说、引导工作）
	片区级	日雇机构（以日雇的形式安排老年人进行简单的日常工作）
	组团级	耕作园地

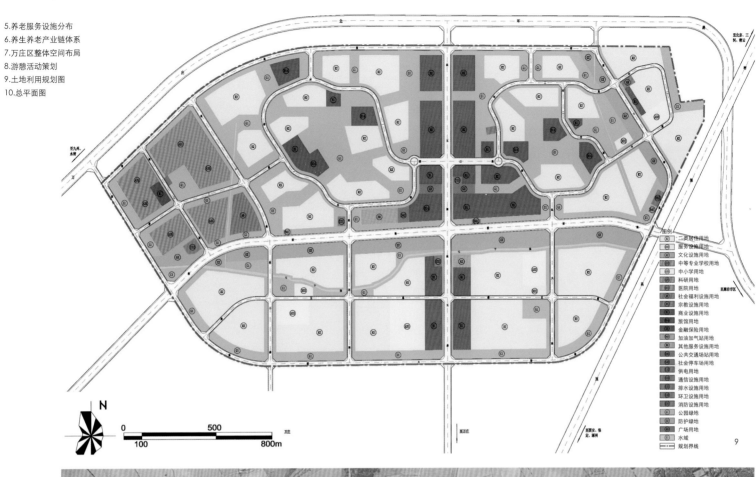

1.养生产业区
2.养生居住区
3.活力居住区
4.养生服务区
5.商业商务区
6.后勤服务区
7.回迁安置区

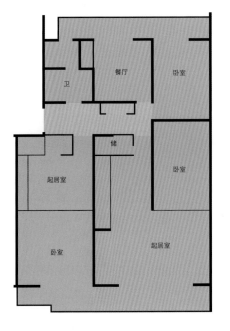

图例
子女居住空间
老人居住空间

13

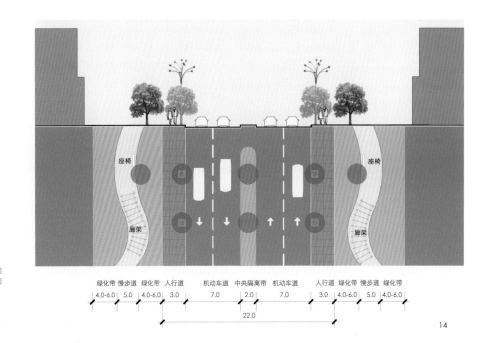

绿化带 慢步道 绿化带 人行道　机动车道 中央隔离带 机动车道　人行道 绿化带 慢步道 绿化带
4.0-6.0｜5.0｜4.0-6.0｜3.0｜7.0｜2.0｜7.0｜3.0｜4.0-6.0｜5.0｜4.0-6.0
22.0

14

11.总体鸟瞰图
12.中轴线鸟瞰图
13."多代居"户型模式图
14.养生居住区环路断面设计图

展示、养老产品交易、养老专题论坛、养老看护培训等于一体的完整养老养生产业链。养老产业链各环节的不断创新发展将为银发社区的升级更新提供最为直接的技术支持与服务支持；而养老住区又成为养老产业最有效的实践示范与展示基地。

6.尊重传统价值观，体现中式关怀

中国养老社区需要考虑中国语境下的价值诉求。相较于美国"凤凰城"式老年社区中老年人以独居形式为主的模式，规划方案将东方社会的传统价值观从项目初始就融入生态健康城的规划设计之中，充分考虑中国老年人的"四世同堂、儿孙绕膝"的理念，在住宅产品上建议以"两代屋"的房型设计为主，实现居家养老与代际之间独立起居的需求；同时也鼓励子女共同参与社区活动，营造中式情怀的社区空间。

五、结语

中国老年化社会的脚步已经渐行渐近，如何在居家养老、机构养老之外寻找第三种符合中国国情，并与东方传统价值观相契合的养老模式已成为当务之急。银发社区的建设将成为中国养老模式的一种创

新，它有利于社会资本进入养老产业，推动养老体系的多元化与社会化建设，同时银发社区已在空间规划、产品设计、服务设施体系、交通组织、产业平台构建等方面进行了探索实践，希望它将能对规划同仁在养老社区规划实践方面有所裨益。

本项目于2011年8月通过由廊坊市规划局组织的专家会评审，11月，国寿（廊坊）生态健康城开工建设，目前项目启动区已经基本完工。

参考文献

[1] Brenda C Spillman, Korbin Liu. Trends in Residential Long-Term Care: Use of Nursing Homes and Assisted Living and Characteristics of Facilities and Residents[R] U.S. Department of Health and Human Services, Urban Institute, 2002-11-25.

[2] 田菲, 于一凡. 中国养老地产浅析[J]. 上海城市规划, 2013 (03) 103 – 106.

[3] Classifications for Seniors Housing Property Types. 美国养老住宅行业协会（ASHA）与美国国家养老社区和健康护理产业投资中心（NIC）, https://www.seniorshousing.org & http://www.nic.org, 2010年.

[4] 吴咏梅. 日本的设施养老及对中国的启示. 中国会议, 2007年.

[5] 江一凡. 探索老龄化背景下的银发社区发展之路[J]. 上海市人类居住科学研究会, 2012 (11) : 24 – 29.

[6] 周景彤, 张旭. 人口红利拐点来临[J]. 中国金融, 2013 (07) : 72 – 73.

作者简介

李继军, 上海同济城市规划设计研究院, 所长, 高级规划师;

李鹏涛, 上海翌德建筑规划设计有限公司, 规划师。

项目负责人: 于一凡 李继军

主要参编人员: 彭松 江一凡 李鹏涛 石金鹏 罗贤吉 阳俊波

项目完成时间: 2011年7月（本项目获2011年度上海市优秀城乡规划设计三等奖）

"全龄化"语境下的养老产业园区规划研究
——以江西昌西健康养生养老产业园规划为例

The Research on the Pension Industrial Park Planning in the Context of Full Age
—A Case Study of Changxi Health Preservation and Pension Industrial Park Planning in Jiangxi

邹 涛 种小毛 杨 洋
Zou Tao Zhong Xiaomao Yang Yang

[摘　要]　养老产业园区的开发成为老龄化背景下新型城镇化推进过程中重要的开发建设类型。在分析养老地产发展模式演变的基础上,以江西昌西健康养生养老产业园区规划为实践案例,探索满足"全龄化"要求的复合多元的养老产业园区的规划方法,实现从"老有所养到老有所为"的提升。

[关键词]　全龄化;复合多元;养老产业园;规划研究

[Abstract]　Under the aging population background, the development of pension industrial park has become one of important development types in the process of new pattern urbanization. In the analysis of evolution of the development model of the real estate industry for endowment, the paper explores the planning method which meets the requirement of complex multivariate of full age, to implement the promotion from the sense of security to the worthiness.

[Keywords]　Of Full Age; Complex Multivariate; Pension Industrial Park; Planning

[文章编号]　2015-65-P-054

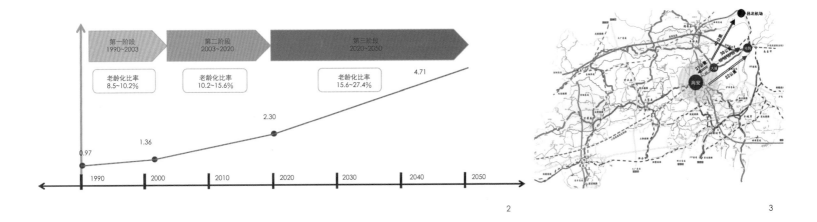

1.整体鸟瞰图
2.中国老龄化发展趋势
3.区位图

一、引言

1. 老龄化态势日趋严峻，养老产业受国家重视

根据第六次人口普查，2010年我国60岁以上的老年人口已经达到1.776亿，占总人口的13.26%。按照联合国标准[1]，我国在20世纪90年代末就已进入养老化社会。进入21世纪之后，我国老龄化的速度日益加快，据预测，2030年我国的老年人口将达2.30亿，2050年将达4.71亿，届时老年人口的比重将达到总人口的31.2%。我国人口老龄化态势已经非常严峻，成为一个严重的社会问题。

面对已经到来的老龄化社会，我国近年来频繁出台多个应对老龄化的相关政策，2011年，国务院专门编制了《社会养老服务体系规划》，积极推进社会化养老事业的发展；2013年国务院发布《国务院关于加快发展养老服务业的若干意见》，加快发展养老服务业，推动社会力量发展养老事业。政府、社会都在积极支持探索、创新多元化的养老模式，包括从居家养老、社区养老和社会养老等。

2. 养老产业园区成为新型城镇化推进过程中重要的开发建设类型

老龄化社会催生养老产业的强大市场需求，《社会养老服务体系建设"十二五"规划（征求意见稿）》提出2020年我国老年人护理服务和生活照料的潜在市场规模将超过5 000亿元人民币。在此背景下，以养老产业为核心的养老产业基地和园区在国内应运而生，成为新型城镇化建设过程中新兴的土地开发项目类型。

如何规划建设养老产业基地，是学术界近年关心的新兴话题。本文拟在养老产业园（核心内容为养老地产）发展演变趋势分析基础上，以服务"全龄化"理念为指导，针对复合多元功能的养老产业园规划做出探索，以期为我国未来养老产业基地乃至新城的发展提供借鉴。

二、服务人群细化、功能复合多元成为养老产业园新趋势

1. 功能从单一到多元——养生养老综合产业园区

随着社会经济发展水平的提高，单一养老功能的养老产业园开发逐渐显现出不能满足市民的多层次需求。由此，养生养老地产作为新兴地产开发类型逐渐发展起来。养生养老地产作为养生地产与养老地产的结合体，具有以下特征：对于客户来说，养生养老地产是为有养生需求人群及老年人提供适宜养生养老的住宅、设施以及服务，满足有养生需求人群和老年人特殊需要，融合复合地产和现代服务业的一种新兴地产业态；对于运作主体来说，养生养老地产是一种立体的开发经营方式。它复合了房地产开发、养生养老服务、商业地产运营和金融创新等属性；对于社会来说，养生养老地产是中国实现居家养老、社区养老与机构养老相结合的社会化养老的有效载体和实现形式，是提升生活水准、生命质量和公民尊严的现代服务业的消费载体，正在引领和推动着生命健康产业的发展以及养老产业的发展。

目前国内市场的养生养老产业园的多样化功能配置主要有以下四种类型。

（1）"养生+养老+旅游+地产"模式

此种模式多适用于自然风景优美，气候舒适宜人，生态环境良好，地块规模较大，区位条件优越的地带，一般比较远，距离主城区车程半小时到一个小时范围不等。依托丰富的自然资源或人文内涵，将直接提升住宅环境品质，增加休闲养生功能，提高居民生活品质。这一模式属于关键设施驱动的养生目的地模式，是"强养生弱养老"的功能定位。这种模式针对的主要客户不单是老人，还有更多具备高保健意识的中高端家庭。之所以称之为"养生目的地"，是因为开发企业必须持有一定规模的养生主题设施来保证项目对目标客户的吸引力，以克服距离问题。

（2）"养生+养老+医疗+地产"模式

此种开发模式指在现代养生养老科学理论指导下，以健康服务为核心价值，构成一个融居家、休闲、娱乐、社交、医疗一体化的高品质多元复合养生养老平台，营造全新的健康生活方式。这种模式重点在于医疗环境平台，同时兼顾娱乐、休闲、疗养健康等功能，体现出"健康维护营，生命加油站"的新居概念。

（3）"养生养老综合体"模式

是以别墅、公寓、会所等高端住宅为主要产品形式，引入养生养老服务，铺以度假酒店以及运动休闲等配套服务设施。同时，依托特定自然资源与人文资源，附加或符合一个或多个开发或金融的项目，形成一个可持续的综合运营体系。分区上，可以分为独立

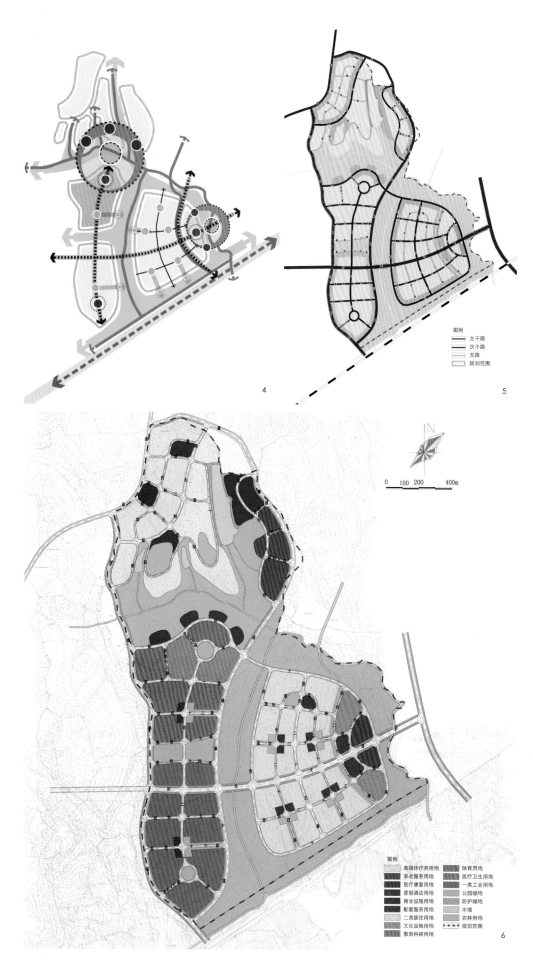

图例
—— 主干路
—— 次干路
—— 支路
▨▨ 规划范围

4   5

图例
▨ 高端休疗养用地   ▨ 体育用地
▨ 养老服务用地   ▨ 医疗卫生用地
▨ 医疗康复用地   ▨ 一类工业用地
▨ 度假酒店用地   ▨ 公园绿地
▨ 商业设施用地   ▨ 防护绿地
▨ 配套服务用地   ▨ 水域
▨ 二类居住用地   ▨ 农林用地
▨ 文化设施用地   ▦▦ 规划范围
▨ 教育科研用地

6

生活区、专业护理区、老年痴呆照顾区、临终关怀区。功能上包括居住、教育、医疗、保险、购物、文体娱乐、休闲养生等。

（4）"养生+养老+亲情+地产"模式

主要打造一种适老化的生活社区，适合在城市外围区域开发（直接受城市公共交通辐射），开发规模约500～600亩较为合适。开发企业需要自持少量养老物业用于经营，依靠其他物业的销售来盈利。整个社区是年轻人群与健康老人混合居住，并不是仅仅针对老年人的社区。其核心配套包括：老年大学、幼儿园、老年活动中心、医院、护理院、菜市场、食堂、超市、商业街等。这种模式的优点是多方面的，"年轻人+老人"的混合居住可以降低老人的孤独感，整个社区中的老人组团"分隔而不分离"，子女与父母既能够相互照顾，又能避免生活习惯的相互干扰，整个社区既有年轻活力又有安宁安详的居住氛围，非常符合中国人的"家文化"传统，市场接受度很高。

2. 服务对象全龄化、服务人群细分化

服务对象全龄化、服务人群细分化成为养老产业新的发展趋势。用地规模较大的养老产业园涉及人群应该是多元化的，不应仅仅以老年人群体为主，应该结合相关功能吸引年轻人创业、青少年游玩、全年龄人群休闲等。

作为养老产业园区的主要服务对象——老年人，应对其进行细分，针对不同类型的老年人的不同需求提供不同的服务。从服务对象的角度看，服务人群类型目前主要分为四大类：60岁以上身体健康，生活能完全自理型；60以上手术后身体活动不便，或身体原本残疾但能半自理的老人；年龄较高，以医疗和护理相结合的长期看护需求的老人；年龄较高，以医疗为主的精细护理需求，如患有特殊疾病或身体极度虚弱的老人。

三、面向"全龄化"服务人群的养老产业园规划

1. 项目简介

江西昌西健康养老产业园项目位于南昌高安市大城镇，沪昆高铁以北，距离南昌红角洲核心商圈30km，建设规模约5 000亩。基地所在地区为丘陵地区，最大高差约30m，以缓坡为主，间以部分陡坡，地势高低起伏；内部或周边有众多中、小型湖泊，水体原生态保持良好，整体自然生态景观资源良好。

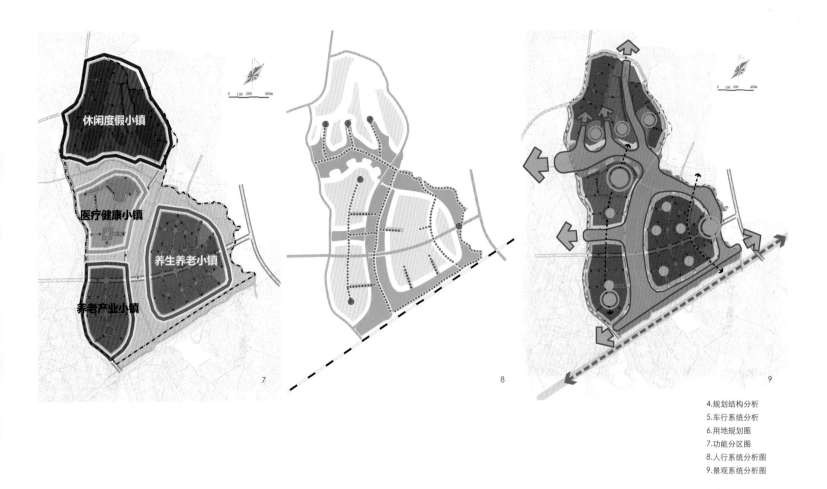

7 | 8 | 9

4.规划结构分析
5.车行系统分析
6.用地规划图
7.功能分区图
8.人行系统分析图
9.景观系统分析图

图中标注：休闲度假小镇、医疗健康小镇、养生养老小镇、养老产业小镇

2. 功能定位与项目策划

项目功能定位为江西首个国家级健康产业新城，泛长三角高端养生旅游目的地；其主题定位是健康养生智慧城。本次规划采取"养老+养生+医疗+旅游+亲情+地产"的综合开发模式，面向"全龄化"人群；规划最大亮点是，将大自然融入社区，将产业融入社区，将再就业融入社区。让老人在此养老，不仅能享受到所有需求的精细化、便捷服务，并且能重新找回自信与成就感，能实现从"老有所养到老有所为"的完美提升。

从项目设置上，规划三大核心功能：养老社区、养老产业、旅游度假。分为八大功能基地：养生养心基地、旅游休闲基地、健康产业总部基地、保健康复基地、教育培训基地、主题购物基地、会议会展基地、电子信息物流基地等。

养生养心基地主要是指健康社区，子项目主要包括分时度假养生中心（完全自理型老人）、活力养生中心（完全自理型老人）、宜居健康苑（完全自理型老人）、康复养心苑（半自理型老人）等。每个子项目针对不同服务人群进行细分设置，适合不同年龄段生活能自理的老年人群。在建筑表现上，主要体现其绿色、环保、节能，以求达到健康的产品—健康的

居所—健康的人这一良性循环。社区注重以人为本，实行24小时管家服务制度。

旅游休闲基地。子项目主要包括特色休闲娱乐、水上休闲活动、国际老年活动大赛、温泉疗养酒店、养生度假酒店、养心会所、太极会所、佛堂、基督教堂等。此区域首先可以满足本项目基地老人的户外活动需求，让老人们就近亲近大自然。其次是可以通过打造旅游休闲基地，将温泉与旅游、休闲、娱乐等进行融合，并作为核心吸引，让基地成为"养生目的地"，带动当地生态旅游经济的发展。比如开展生态体育旅游（银发体育主题），以参加和观赏各类健身娱乐、体育竞技、体育交流等为主要目的，以生态环境和自然环境为取向，开展一种既能获得体育效益和经济效益，又能实现生态效益和社会效益的体育旅游活动。

健康产业总部基地，子项目主要包括研发中心、国药堂、百草园、康疗设备生产中心绿色养生食品加工等。其中研发中心主要设置老年产品研发中心，包括老年健身产品、老年保健产品、老年娱乐产品、老年服务产品。生产方面主要包括园艺/药/农产品种植、加工类生产、产品类生产，将研发中心的各类研发产品，与生产基地形成无缝对接。仓储物流

中心配套电子信息平台，为各类健康产品提供完善的销售服务及支持体系。

保健康复基地，子项目主要包括高端体检中心、老年病专科医院、道家养生中心、保健理疗中心。此基地主要是针对需要康复的人群，以及需要医疗服务配套的人群。在设施的服务水平上，保健康复基地旨在学习国外的先进服务水平，也可以引进国外的义务人员，从服务理念出发改进流程，（如提高服务效率，减少等待时间等）。在设施的硬件上，要求配套功能齐全，包括健身、心理咨询和卫生教育、礼品店及餐饮服务等；并引进环保绿色概念，降低能源消耗，亲近自然，改善病人康复环境等。目标是打造"医疗旅游"的品牌与银发休闲旅游的发展产生互动。

教育培训基地，子项目主要包括老年大学、老年职业教育、护理专业职业培训、幼托、小学等。其中老年大学与老年职业教育主要是为社区中有各类学习意愿的老人提供环境（如养生培训、再就业培训等），可以引进国际养生学校，作为带动高端管理者家属生活和学习的必要配套引入档次高、品质好的国际健康养生学校。而护理专业培训，主要是针对养老护理人员进行上岗培训以及提供实习就业环境，可以

10

11

引入大型专业型的职业教育培训机构。幼托与小学是针对隔代亲家庭模式，提供孩童的学习环境，以满足全龄化社区的硬件设施。

主题购物基地，子项目主要包括健康名品折扣店、特色产品购物街、老年文化创意集市、休闲商业街等。老人的生活消费观相对年轻人，较为保守，鉴于此，为老年人开设一条健康产品折扣店，不失为一种好的促销模式。特色产品购物街，主要是针对老年人的一系列特色产品。老年文化创意集市，为老年的业余爱好提供环境，比如手编带、园艺产品、自制木工产品、特色小吃等都可以在此集中展销，属于自发组织，集中管理。休闲商业街主要是为老年人提供购买日常生活用品，或日常休闲活动的场所。

会议会展基地，子项目主要包括养生学术交流会议、康体技术交流中心、养生产品展销中心、养生讲坛。此基地主要是针对老年产品，提供一个集中展销，对外贸易的窗口；其次是关于养生养老的学术交流会议，以及养生课程，旨在更好更广地地宣传养生文化，以及提升养生学术技能，形成社会效益。同时，也为本项目基地未来要打造的目标提供一个很好的形象窗口。

电子信息物流基地，子项目主要包括仓储备物流中心、电子信息中心。将仓储配套、物流系统与电子商务、云商务结合，为养老产品的后续营销做好配套服务。打造全国最大的养老产品电子商务基地，发展我国最大的老年产品电子交易中心。以此完善老年产业园的全产业链功能。

3. 用地布局

基地独特的地势地貌和丰富多元的环境要素有机而自然地确立了基地整体的开发布局和空间结构。自然形成的山谷从基地中部开始，自北向南，延伸串联，谷山相连，林田相依，如生命之树，构成基地整体的空间骨架和生长脉络，分区布局的不同功能组团由主干串联，如生命之树的多彩生命果实。用地布局主要特点有以下四方面。

（1）功能多元

以养老养生功能为主体，衍生休闲度假、亲子旅游、配套产业发展等多元功能，打造阳光健康城；

（2）彰显文化

显化道家养生文化、田园养心文化，传统文化与现代结合；

（3）保育生态

低冲击开发模式，保留原有山林景观资源，保留大面积生态绿地作为整个基地的生态基底，在原有生态基底上组团式开发布局；

（4）塑造特色

充分利用原有地形和自然资源，谷、林、湖的差异化分区利用，塑造独特的空间感受；通过水系、绿廊的组织构成基地整体景观框架，中央绿脉形成景观核心，绿廊渗透到各组团，有机串联，由点到面，将各功能片区自身良好的景观进行整合，构成环境优美的整体景观环境系统。

4. 交通组织

控制机动交通，各主要功能组团间快速交通通过纵横骨架路网进行连接疏散；突出强化慢行交通联系，中央绿脉结合渗透绿带设置步行道、自行车绿道、电瓶车道，建立便捷的组团间交通联系，减少机动交通，营造安静、和谐、安全的小镇生活环境。

四、结语与建议

养老产业园的规划建设必须从养老产业的特征出发，从服务人群的"全龄化"入手，坚持以人为本、生态优先、功能复合、自我造血循环等原则，明确产业园的战略定位，构建适应现阶段发展要求、满足多元化需求的功能体系，重点针对养老人群的细分进行开发项目的策划；同时，根据养老产业链的用地空间要求，结合基地场地特征和文化特色，因山就水、追根溯源的落实产业项目用地，策划养老产业特色项目，塑造独特的空间特色。

作者简介

邹 涛，同济大学建筑与城市规划学院，博士研究生；

种小毛，上海中晨工程设计有限公司，博士，总经理；

杨 洋，上海中晨工程设计有限公司，策划部经理。

本文中所用项目方案为《江西昌西健康养生养老产业园概念规划》国际招标中标方案。

项目负责人：种小毛 邹涛

主要参加人员：姜方洪 杨瑾云 徐勇 丁达海 杨洋 马新海 李文辉 陈博仡

注释

[1] 联合国将"60岁以上人口占总人口比例10%，或65岁以上人口占总人口比重达到7%"作为判断一个国家是否进入养老社会的标准。

参考文献

[1] 中华人民共和国国家统计局. 2010年第六次全国人口普查主要数据公报（第1号）[Z]. 2011: 04 - 28.

[2] 孙端. 中国社会人口老龄化基本状况及养老保险模式选择[J]. 统计与管理，2011 (5): 79 - 80.

[3] 姜睿，苏舟. 中国养老养生地产：内涵、前景与开发策略[J]. 华东经济管理，2012 (12): 44 - 48.

[4] 姜睿，苏舟. 中国养老地产发展模式与策略研究[J]. 现代经济探讨，2012 (10): 38 - 42.

[5] 孟艳春. 中国养老模式优化探析[J]. 当代经济管理，2010, 32 (9): 56 - 58.

[6] 郑家悦. 建立综合性养老产业基地研究与探索[J]. 中国外资，2011 (14): 22 - 23.

10.局部鸟瞰
11.整体鸟瞰（夜景）

中国养生养老社区发展模式探索
——以海南省海棠湾养生养老社区概念规划为例

Exploring the Development of Health Nursing Community in China
—Take Hainan Province Haitang Bay Health Nursing Community Concept Planning as an Example

宋丽华
Song Lihua

[摘　　要]　本文通过对养生养老社区的现状及发展分析，以海南省海棠湾养生养老社区概念规划为例提出养生养老社区创新规划理念和发展策略，从"人性、多元、生态"多角度出发，对新型养生养老社区的规划设计做出了详细的阐述和解析。

[关键词]　养生养老社区；规划设计

[Abstract]　In this paper, the status and development analysis of the health and retirement communities, with Hainan province Haitang Bay health nursing community concept planning for example proposed health nursing community innovation idea of planning and development strategy, from the perspective of "human nature, diversity, ecological" multi angle, made a detailed exposition and Analysis on the planning and design of new health care communities.

[Keywords]　Health Nursing Community; Planning

[文章编号]　2015-65-P-060

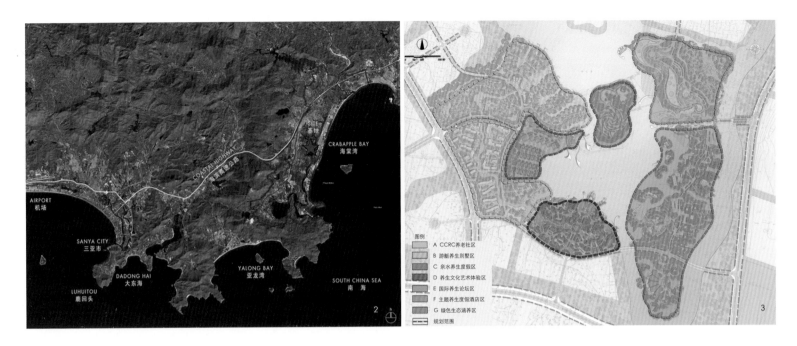

1.论坛酒店效果图
2.区位图
3.功能分区图

图例
- A CCRC养老社区
- B 游艇养生别墅区
- C 泉水养生度假区
- D 养生文化艺术体验区
- E 国际养生论坛区
- F 主题养生度假酒店区
- G 绿色生态涵养区
- ——— 规划范围

一、养老社区背景及发展趋势

根据2010年全国人口普查数据，目前我国60岁以上人口总数已达全国人口的13.26%。预计到2023年，老年人口数量将增加到2.7亿人。

随着老年人数量高速增长，养老问题及养老服务问题日益严峻，加快推进养老服务工作已迫在眉睫。目前，养老模式的发展趋势正逐渐由传统的家庭养老、机构养老向社区养老过渡，然而随着人们的生活水平不断提高，目前适宜现代社会老年人生活的社区数量少之又少。

养生养老社区是对现有社区养老模式的一种升级，它所服务的受众群体更为广泛，是以老龄人口为核心的中老年及其家人。它汲取家庭养老和高档设施养老的优势，为提高老年群体的生活质量及幸福感所建立起的集家庭健康养生、养老、养心为一体的，将宜居养生、休闲度假、专业医护保障等多功能相结合的新型社区模式，将成为社会养老社区发展的新趋势。

二、养生养老社区的概念

养生养老社区并不是传统意义上的养老社区，是随着社会整体的发展，人民物质和精神文化水平不断提高，社会人口老龄化进一步加剧，为满足有养生养老需求的目标人群而出现的提供养生养老的住宅、设施及服务，集文化艺术、运动休闲、康复保健、生活照护、精神赡养等多功能为一体的新型综合性的社区，具有明显的公共性、福利性和赢利性。

三、养生养老社区发展前景

1. 国家政策支持养老社区发展

2011年发布的《我国国民经济和社会发展"十二五"规划纲要》提及要"加快发展社会养老服务，培育壮大老龄事业和产业，加强公益性养老服务设施建设，鼓励社会资本兴办具有护理功能的养老服务机构，增加社区老年活动场所和便利化设施。"随后，民政部发布的《社会养老服务体系建设"十二五"规划（征求意见稿）》指明了"十二五"期间中国养老服务建设体系的目标，提出"2020年我国老年人护理服务和生活照料的潜在市场规模将超过5 000亿元"。这意味着国家已经开始对养老事业高度重视，并且做出了明确的方向指引，为养老社区的发展增强了信心。

2. 健康养生产业方兴未艾

随着国家经济社会的发展和人民生活水平的提高，健康养生越来越受到人们的重视，健康养生产业也呈现出快速发展的趋势，抓住时机，科学规划，有序发展，健康养生产业将会在一定的时间里成为带动国家和地方国民经济快速发展的重要支柱产业。

3. 养生养老社区市场空间巨大

基于养老产业的广阔前景和健康养生产业的迅猛发展，将两者结合，以服务老龄人口，意在为老年人提供安逸平稳的生活，维护和提高老龄人口健康水平的养生养老产业市场空间巨大。

四、养生养老社区发展模式

养生养老社区是养老社区发展的一个新的阶段，发展模式还处在研究与探索的阶段，对目前的养生养老社区进行归纳，主要为四种模式：（1）配建于普通居住区中的养老社区；（2）专门建设的综合性养老社区、养老综合体；（3）农家休闲模式，如崇明岛养生养老农家院；（4）集合旅游度假、医疗养老、养生产业开发的养生养老社区模式。

对比以上四种发展模式不难发现，第四种发展模式相对成熟，更加符合社会发展趋势，更加适应现代老年人的生理、心理需求以及生活习惯，将成为未来养生养老社区发展的主导模式。

1.运动养生中心
2.私人养生度假区
3.养属人康体养生馆
4.养生健身俱乐部
5.精英养生游艇社区
6.养生科技研发中心
7.国际养生文化展示馆
8.CCRC康泰养生区
9.CCRC忆静养生区
10.CCRC活力养生区
11.品牌商业街
12.社区综合服务中心
13.养生度假游艇酒店
14.CCRC养生服务中心
15.CCRC健康管理中心
16.CCRC文化娱乐中心
17.中草药养生保健馆
18.活力运动健体馆
19.国际游艇运动俱乐部
20.滨水商业步行街
21.养生理疗会所
22.养生文化艺术中心
23.海棠购物广场
24.养生文化会所
25.文化艺术创意基地
26.养生健康培训中心
27.旅游度假服务中心
28.国际养生论坛酒店
29.企业专属养生区
30.中草药养生文化广场
31.旅游综合服务中心
32.首尔养生主题度假酒店
33.红酒养生主题度假酒店
34.私家藏匿风情度假酒店
35.茶文化养生主题度假酒店
36.艺术品鉴赏主题度假酒店
37.养生主题度假酒店
38.中央绿地生态养生区
M.游艇码头

4.总平面图
5-9.建筑尺寸细节

本文以海南省海棠湾养生养老社区概念规划为例，以CCRC养老社区为核心功能，以先进的国际养生理念为依托，整合旅游度假产业，提出集"休闲度假、养生保健、养老服务"等多功能为一体的新型养生养老社区的发展模式，从"人性、多元、生态"的角度出发进行项目选址、功能分区、建筑设计、道路交通及配套设施的规划。

五、海棠湾养生养老社区规划设计

1. 发展条件分析

（1）文化基础

海南作为道教南宗的发祥地和文化中心，道教养生文化源远流长。道教养生思想以"天人合一"为核心，注重人与自然的和谐统一。本地文化的参与才能产生旅游的核心竞争力。海南黎族养生保健文化涉及饮食、草药、传统体育、民俗等内容，具有很大的发展潜力。

（2）发展优势

三亚海棠湾具有发展养生养老产业的先天优势。首先，三亚市是海南"国际旅游岛"的形象和代表；其次，海棠湾定位为"国家海岸"，是拥有独特景观和新型旅游产品的公共旅游观光胜地及高端滨海旅游度假区；第三，如301医院分院这样的高端医疗服务设施入驻海棠湾，也为其发展奠定了基础医疗保障。

（3）发展机遇

国家颁布了一系列政策支持养老产业发展，海南省卫生厅也研究制定了《关于加快海南医疗保健旅游产业发展的意见》；到2015年，海南医疗保健旅游产业将初具规模；到2020年，海南将有望建设成为闻名中外的医疗保健旅游目的地。

综上所述：海棠湾发展养生养老产业，具有丰厚的历史和文化基础，具有得天独厚的自然资源条件，顺应国家整体的方针策略，符合建设国际旅游岛的发展方向，具有巨大的发展潜力。

2. 项目选址

新型养生养老社区选址应综合考虑政策、市场成本、交通、环境等多方面因素。应尽量选择在未来潜在客户源相对集中、较为安宁静谧、开发密度较低、自然环境良好、交通便利的地区。

海棠湾养生养老社区位于海南省三亚市海棠湾镇，海棠湾镇位于海南省南端、三亚市的东部，水陆交通十分便利。海棠湾依山傍海、自然环境优异，气候宜人，水质清澈，湿地面积大。周边景观资源丰富，拥有22.4km的海岸线、18.7km沙滩、"神州第一泉"的南田温泉、蜈支洲岛、椰子洲岛、伊斯兰古墓群、藤海湾等旅游胜地，是三亚五大名湾之一。

3. 发展策略

海棠湾养生养老社区以生态为根本，以文化为精神，以接轨国际为支撑，以创新为动力，以"养生养老"为核心主题，从理念、品牌、人才、技术、设施等方面实现与国际接轨，通过养生、会展、娱乐、度假、养老等多功能的设立，创新养生养老理念、技术、产品、体验活动，建设新型复合的养生养老社区。

4. 功能分区

养生养老社区的功能组织模式，既不同于传统养老社区，也不同于面向高端人群的养生地产，养生养老社区的功能分区更加多元化和模块化，为老年人生活提供养老、养生、娱乐、医疗、商业、居住等多种服务，使老人在社区内部就能做到老有所养、老有所学、老有所用、老有所医、老有所乐和老有所终。

海棠湾养生养老社区是一个新型复合的社区，整合了养生、养老、休闲度假等多种功能，主要包括六大功能区：CCRC养老社区、游艇养生别墅区、亲水养生度假区、养生文化艺术体验区、国际养生论坛区、主题养生度假酒店区。

（1）核心功能区——CCRC养老社区

①CCRC养老社区概念

CCRC是一种复合式的老年社区，通过为老年人提供自理、介护、介助一体化的居住设施和服务，使老年人在健康状况和自理能力变化时，依然可以在熟悉的环境中继续居住，并获得与身体状况相对应的照料服务。

社区配有大面积绿地、景观、花园、种植园区。为入住者提供优美的居住养生环境，并且从个人居所到服务场所、公共空间全部为无障碍设计。社区提供各种生活配套设施：医院、学校、餐厅、超市、洗衣、银行、邮局、美容美发及各种娱乐活动场所。在社区内入住者可以方便地解决一切生活需要。

②CCRC养老社区功能分区的创新

CCRC养老社区针对不同的老年群体进行了分区，分别设置了综合服务区、康泰养生区、活力养生区、静忆养生区等。

CCRC综合服务区：服务于整个CCRC养老社区的综合服务区。提供多种多样的养老养生健康服务和基本生活服务。设置有健康管理中心、社区医院、康复中心、老年文化娱乐中心、健康培训中心、运动健身中心等养老养生服务项目。

CCRC康泰养生区：服务于日常生活起居需要有人帮助完成的老年群体，生活设置齐全，提供完善医疗看护、健康检查、生活起居照顾、康复训练、心理疏导等专业服务。建筑细部均按国际无障碍标准设计。

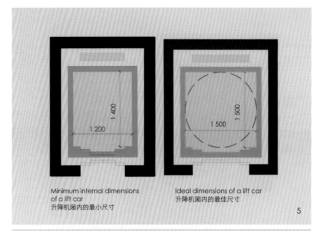

Minimum internal dimensions of a lift car
升降机厢内的最小尺寸

Ideal dimensions of a lift car
升降机厢内的最佳尺寸
5

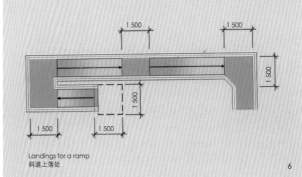

Landings for a ramp
斜道上落处
6

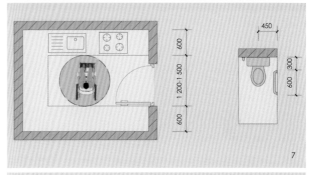

7

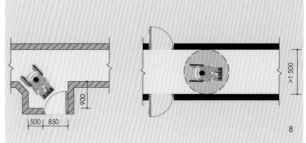

8

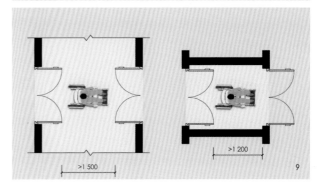

9

10.夜景鸟瞰图

CCRC活力养生区：不限年龄的高端生活区，客户覆盖中年精英阶层、青年客群、家庭休闲市场、有子女亲人长期陪伴的乐活老人、康健老年家庭。提供良好的物业服务，酒店公寓式管理，健康跟进式服务，文化娱乐、养生保健、运动旅游等活动组织策划等。

CCRC静忆养生区：服务于身体健康、日常生活起居自理且身心健康的老人及老年家庭，生活设置齐全，提供完善健康管理制度、日常生活照顾、养生健康培训、文化娱乐、运动健身项目、国际化养老管理等。

③CCRC养老社区建筑设计

CCRC社区的住宅户型多元化，包括养老公寓、独栋养生别墅、联排养生别墅等多种形式。在建筑色彩的选择上多采用温暖明快的色彩，选用自然的材质，避免反光。在建筑设计上多采用无障碍的设计，在建筑入口、电梯配置、走廊、居室、厨房、卫生间等位置的设计上，要特别考虑到老年人可以安全、方便地使用。

（2）游艇养生别墅区

临近龙江塘水岸的高端养生度假生活区，主打游艇运动养生品牌。客户覆盖精英阶层、成功人士、企业高管、社会名流。建筑形式可分为独栋和联排两种。根据自身的环境优势，内部每户都拥有专享的私人岸线码头，顶级私人领地，以及专属的养生服务配套设施，最大程度满足客户对于养生休闲的需求，专为高端消费客户量身打造。

（3）亲水养生度假区

临近小龙江塘西岸的高端养生度假酒店区，以亲水为主题，打造游艇度假别墅式酒店，设置丰富的亲水养生项目。面向家庭旅游、新婚夫妇、情侣、精英阶层、成功人士、社会名流等消费群体。建筑形式以独栋和联排两种形式，结合良好的自然环境高端的养生服务、游艇项目，建设极具特色养生度假区域。

（4）养生文化艺术体验区

养生文化艺术创体验区是传统养生文化体验、艺术创意、高端养生服务的一个空间载体，以商业化经营的手段和企业支撑相结合，给社区生活灌注永久性的活力和引人入胜的商业区。主要包括文化艺术创意基地、养生文化会所、养生文化艺术中心、养生健康培训中心、国际游艇运动俱乐部、活力运动健体馆、养生理疗会所、滨水商业步行街、海棠购物广场、旅游度假服务中心等项目。

（5）国际养生论坛区

全力打造海棠湾国际养生论坛，使海棠湾CCRC国际养生社区成为养生文化传播的载体。定期举行大型的以养生养老、健康为主题的研讨会，进一步提高养生产业的定位。

同时在论坛酒店东部，打造一处企业专属养生区，配套高端的养生会所，设置丰富的养生项目，为企业高管精英、高科技人才提一处风景宜人设施高档修养身心之地，为参加论坛的专家学者提供良好休憩之所。

（6）主题养生度假酒店区

规划的酒店群以养生五大主题酒店为支撑，每个酒店不同于一般的综合性酒店，主题鲜明，特色突出，内部配套设施齐全。规划主题酒店的功能以住宿和主题疗养休闲两大功能为主，结合内湖幽静的地理位置，在大的养生社区氛围下，分别紧扣某一特定的养生主题，体现酒店小而精的个性化特征，从建筑风格到内部装饰，再到服务项目，都充分体现其主题，让消费者有针对性地进行选择。

5. 养生养老社区配套服务设施规划

养生养老社区配套设施均按类型进行合理分区分级，设置多元化的便于老年人使用的服务配套设施，功能类别包含休闲娱乐、医疗保健、养生交流、医疗健康、社区服务、亲情关怀等。

一些大型、常用的配套设施，例如社区活动中心、老年会所、健身中心等集中布置在社区入口、中心等人流集中场所，营造热闹氛围，并要注意与老人居住组团分开，以免声音上的影响。

一些可兼顾对外经营的设施（如社区医院、药店）靠社区边沿布置，方便社区内外的人员共同使用。

小型、常用的服务设施重复、分散地设置。例如小超市、理发店、按摩店、公共餐厅、医疗服务站等与老人日常生活紧密相关使用频率较高的服务设施就近每个居住组团出入口设置，方便老人途经与看到。常用服务设施不超出老人的步行适宜范围。

6. 养生养老社区道路交通规划

由于老年人身体原因，对机动车有更多的依赖，另一方面，老年人身体机能的下降，各方面的反应欠灵活，更需要减少机动车对人行的干扰。因此养生养老社区的道路系统设计与普通社区有所区别，除了要保证人车分行、"顺而不穿，通而不畅"的基本原则外，还重点考虑人车流线组织和停车场地设置等方面问题。

细节设计上充分考虑到老年人的出行习惯和无障碍设施的要求，如每栋居民楼出入口处设计有无障碍坡道、遮阳雨棚和临时下车空间。在停车场的设置上，在各居住组团出入口及楼栋单元出入口处分散设置了小规模临时停车场，提供给救护车、小区电瓶车或亲友探访时临时停车使用。出于居民安全性和便利

性的考虑，非机动车停车场不设于地下。社区中还为自行车、电动自行车或三轮车这些老人出行常用的车辆提供就近的停放位置。

六、开发运营模式

海棠湾养生养老社区开发模式是建立在旅游产业、休闲产业、文化产业、健康产业以及养老产业的基础之上，以中国传统养生的理念方法解决养老问题的复合型开发模式，集合了养生论坛、养生公寓、度假酒店、CCRC养老社区、休闲娱乐设施等多项目为一体。

由开发商充当运营主体，政府进行协助，辅以完善的医疗保障团队。充分利用了自然、文化、科技等资源，引入国际养老养生理念和先进的管理体系，采用循序渐进的发展方式，前期以商业模式进行运营，租售相结合，将老年地产与休闲度假、健康养生等产业复合开发，提升养生养老社区的价值和吸引力，后期通过聚集效益、配套服务设施管理等塑造新的市场价值，维持社区有效运营。

七、总结与展望

养生养老社区不仅是一个整合资源的载体，它也是践行中华民族家庭伦理观与中华民族养生理念的重要基地，是中国养老设区模式的重要补充，是展现中国家庭养生养老梦想的重要舞台。而养生养老不仅仅是物质空间的载体，在此，呼吁将社会福利政策、分时度假经营模式、社会保险产品与其进一步紧密结合，使其成为惠及更多老年民众的社会服务产品，"故人不独亲其亲，不独子其子，使老有所终，壮有所用，幼有所长，矜、寡、孤、独、废疾者皆有所养"将是养生养老设区发展的最终目标。

参考文献

[1] 丁宁宁. 国际养生养老"产业"发展趋势[J]. 政策瞭望，2010（9）：48 - 49.

[2] 魏珊珊，张灏. 养生养老地产开发模式研究[J]. 技术与市场，2013（11）：139 - 140.

[3] 杜智民，滕萌. 我国养老社区的运作机理及发展前景研究[A]. 西北大学学报，2012：57 - 62.

[4] 周燕珉，林婧怡. 我国养老社区的发展现状与规划原则探析[R]. 城市规划，2012：46 - 51.

[5] 董迪. 新型养老社区设计初探：以上海金山区枫泾镇耕莘养老社区设计为例[J]. 上海城市规划，2013：113 - 116.

[6] 李乃慧，王磊，范苑. 养老社区规划研究[J]. 建筑师，2014.

作者简介

宋丽华，北京中联环建文建筑设计有限公司，规划一所，规划师。

项目总负责人：刘光亚

项目负责人：曾宪丁 刘鹏

项目设计人员：朱俊红 吴一鸥 王小侠 蒋诗文 金江

中高端养老社区设计及运营分析
——以杭州市良渚文化村随园嘉树为例

Analysis of High-and-mid-end Retirement Community Design & Operation
—A Case Study of Dignified Life in Liangzhu New Town, Hangzhou

孙旭阳 江 红 毛昊航
Sun Xuyang Jiang Hong Mao Haohang

[摘　要]　随着经济的发展和老年人的购买能力的提高，老年人的养老需求呈现多样化特点。文章以良渚文化村的随园嘉树为例，重点分析了项目的配套设施、适老化设计、适老化服务和运营方式，以期为其他养老地产的开发提供借鉴。

[关键词]　养老社区；适老设计；运营；随园嘉树

[Abstract]　Under the background of developed economy and strong purchasing power of aging, the demands of the aged is diversified. We take Dignified Life in Liangzhu New Town as an example to analyze the facilities, aging design, aging services and the operation. We hope to get some experience for other endowment real estate development.

[Keywords]　Retirement Community; Aging Design; Operation; Dignified Life
[文章编号]　2015-65-P-066

一、项目背景及定位

1. 项目背景

截至2013年年底，浙江省60岁以上老年人口达到897.83万人，占总人口18.63%，是全国老龄化程度最高的两大省区之一。为了应对愈演愈烈的人口老龄化趋势，浙江省连续出台了《关于加快发展养老服务业的实施意见》、《关于发展民办养老产业的若干意见》等，以加强养老地产开发和养老产业发展的引导，满足养老服务的多样化要求。

2. 项目简介

随园嘉树位于距杭州主城区西北20km远的国家4A级风景区——良渚文化村范围内，基地周边山林环绕、自然条件优越，处于规划建设中的杭州地铁2号线良渚站点辐射范围内，区位条件优越。有望成为杭州城区及周边城市老龄人士较为理想的养老居住选择地之一。

项目占地6.39hm²，整体容积率1.0，绿地率35%、可容纳575户，针对养老地产的特殊定位，随园嘉树开发方进行了较为充分的市场调研及产品研发，为老年住户构建了一套相对完整的养老居住服务体系。

3. 客源定位

项目一期调研显示大部分业主来自于杭州当地，另有一定比例的周边城市客户。而针对客户的纵向调查则显示，大多数客户家庭富裕，社会地位高，但同时受传统观念影响不愿入住养老院，更倾向于以置业的形式来实现高品质的养老生活。可以预测未来随着城市居民个人财富的增加及养老观念的逐步开放，养老地产的客户来源将更为的多元。

二、项目特征

针对养老地产的特殊定位，项目运营商对老龄人士的身心需求、行为特征，生活规律等要素开展较为充分的调研分析，并进一步在项目的整体规划、设施配套、住宅研发及物业服务等方面进行了相对的完善及优化。

1. 整体规划及配套设施

良渚文化村经过十余年的开发建设，配套设施已相对完善，随园嘉树在规划选址上紧邻浙一医院良渚门诊部、玉鸟菜场、流苏商业街区等核心配套设施，提高了住区居民的生活便利程度，其中浙一医院良渚门诊部就近联系与养老社区养生医疗功能需求形

成较大的优势互补。而另一方面，项目自身结合老年住户的生活需求，规划强化了住区的无障碍通行设施并建设有4 500m²的"金十字"养生休闲区，下含景观餐厅、图书阅览室、多功能厅、健身房棋牌室等养老设施，并设立老年大学"随园书院"以丰富老龄住户的精神生活。

2. 建筑空间设计及适老化产品应用

随园嘉树针对老年人的生活起居特点，在建筑产品研发上进行了40余项的设计优化，在无障碍设计的基础上重点在生活便利以及健康安全两个方面进行了产品提升，以下将结合住户的建筑空间布局逐一进行列举分析：

（1）入户

入户空间设计在于方便老龄住户记忆识别自身住户门牌及简化开门程序，同时帮助住户更为便捷的完成行李衣帽的更换。

卡式数码锁：电子门卡刷卡入户，通过感应装置及时提醒老龄住户关闭门户，保证住户安全。

入户搁架：入户门旁边设置隔板，方便老龄住户到家开门时放置手上物品，免去其弯腰等危险动作。

（2）餐厅、起居室

起居室是日常生活起居使用最为频繁的建筑空

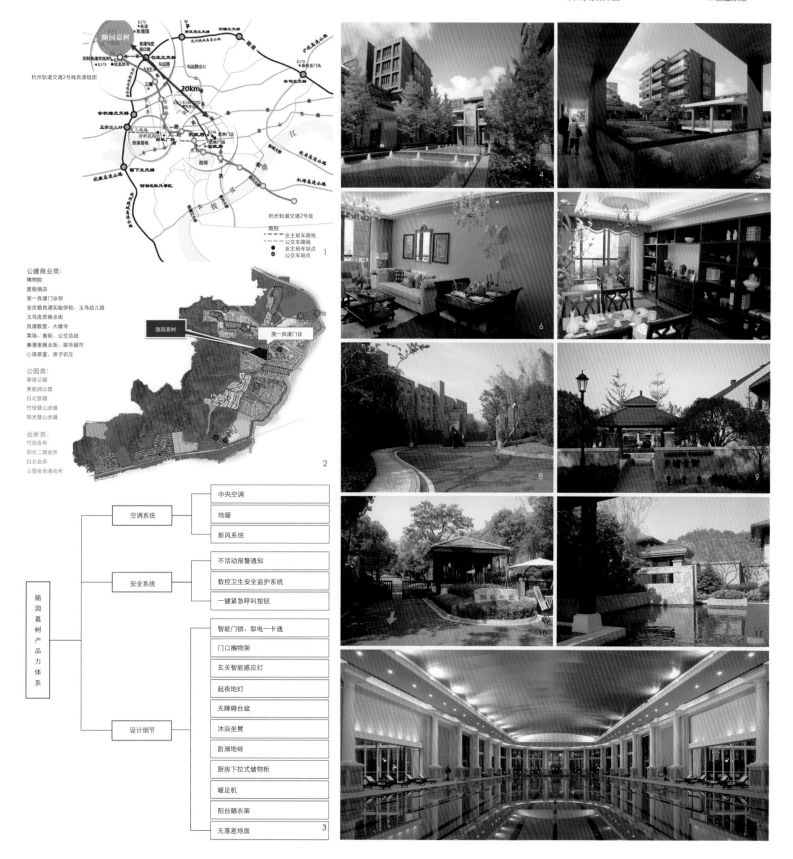

1.项目区位图
2.随园嘉树在良渚文化村区位图
3.良渚文化村配套体系
4.中央水景效果图
5.风雨连廊效果图
6-7.样板间效果图
8-11.实景照片
12.恒温泳池

电地暖
双地漏排水
防滑地砖
台盆下方可入轮椅
带扶手和收纳功能厕纸架

卫浴暖气片 | 淋浴区L形安全扶手 | 暖足机 | 带卫洗丽马桶

13   适老细节展示：卫生间

分床设计
水地暖

一键紧急呼叫
主卧应急灯
新风系统

14   适老户型展示：主卧室

水地暖
主过道宽度大于1.2m

一键紧急呼叫/开关系统/中央空调 | 起夜地灯 | 大按键智能电话

15   适老户型展示：餐厅 客厅

下拉式储物柜
高照明度
带开关插座
直饮水
转角储物空间

16   适老户型展示：厨房

间，设计要点在于提供舒适安全的生活空间，同时也为老龄住户提供电子交流系统便于与物业服务人员进行呼唤沟通。

一键紧急报警：套内多处安装一键紧急报警系统，老龄住户发生意外时可以及时通知物业中心。同时报警装置特别安装下拉延伸线，即便倒地也能顺利报警。

中央空调：采用插卡即使用的模式，中央空调的温度调节系统减少住户使用的不便。

大按键智能电话：大按键的贴心设计，可将家人号码设置成固定键，一键即可拨通家人电话。

（3）厨房

厨房设计考量在于减少老龄住户的生活用火同时优化整体空间便于老龄住户在厨房进行食品烹饪以及厨具收纳。

下拉式储物柜：触碰即自动下拉，充分考虑老龄住户尤其是轮椅老人的够高不便。

直饮水：照顾老人烧水的不便。

转角储物空间：针对老年人收纳杂物较多的特点，该产品对空间的使用细节尤其关注。

高透明度：考虑到老龄住户一般视力相对减弱这一特征，在厨房操作台上方专门设置高照明度灯光，方便其使用。

（4）卫生间

本着舒适安全的目的，卫生间的设计着重对排水防滑及安全辅助设施的布局进行了设计优化，避免卫浴潮湿致病及滑倒意外的发生。

卫浴暖气片：安装带毛巾架功能的暖气架，取暖和烘干毛巾一举两得，解决卫浴空间潮湿易生菌的问题。

安全扶手：卫浴和坐便器旁边都安装扶手，避免老人滑倒。

无障碍洗脸池和暖足机：洗脸池下方设计为凹进模式，凹进的宽度正好方便轮椅老人贴近洗脸池。下方凹进处设置暖足机，考虑到老人血液循环不好足部发凉的特征，洗脸同时烘干湿脚，避免老人生病。

防滑地砖：防滑地砖的设置，把老人滑倒的可能性降低到最小。

带卫洗丽马桶：解决老人如厕后不便的苦恼，可温水洗净、暖风干燥、杀菌，冬天还可以进行便盖加热。

（5）卧室

根据调查显示，多数疾病症状易在老年住户的睡眠时期引发显现，而优质的睡眠能够有效提高老年住户的身体健康水平，针对于此，卧室的整体设计在于为住户提供安静舒适的卧室空间环境，同时提供安全保障措施便于老年人起夜如厕及呼唤服务。

分床设计：老人睡眠较差，为减轻相互间的干扰，采用分床设置，同室不同床。

新风系统：针对门窗的隔热隔音性能，以新风系统解决室内空气流通问题。

3. 智能管理以及适老化服务

作为养老地产中极为重要的组成部分——适老化服务是其主要特色之一，随园嘉树项目运营商借助智能化管理手段对自身服务产品进行梳理整合，根据住户需求提供定制化服务，优化用户体验。以下将从"健康管理、智能小区、舒适生活、志趣培养"四个主要的物业服务组成部分的进行列举说明：

（1）健康管理

随园嘉树与浙一医院合作，实现老人的健康管理快速效应的过程。健康管理中心设有各种专业量测设备，帮助老年人定期测量、查看健康数据，增加老人对自身

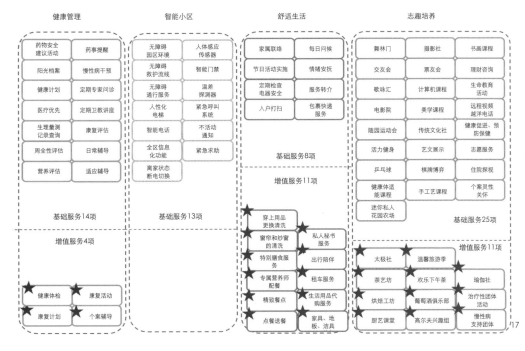

健康管理		智能小区		舒适生活		志趣培养		
基础服务14项		**基础服务13项**		**基础服务8项**		**基础服务25项**		
药物安全建议活动	药事提醒	无障碍园区环境	人体感应传感器	家属联络	每日问候	舞林门	摄影社	书画课程
阳光档案	慢性病干预	无障碍救护流线	智能门禁	节日活动实施	情绪安抚	交友会	票友会	理财咨询
健康计划	定期专家问诊	无障碍通行服务	温差探测器	定期检查电器安全	服务转介	歌咏汇	计算机课程	生命教育活动
医疗优先	定期卫教讲座	人性化电梯	紧急呼叫系统	入户打扫	包裹快递服务	电影院	美学课程	远程视频越洋电话
生理量测记录查询	康复评估	智能电话	不活动通知			随园运动会	传统文化社	健康促进、预防保健
周全性评估	日常辅导	全区信息化功能	紧急求助			活力健身	艺文展示	志愿服务
营养评估	适应辅导	离家状态断电切换				乒乓球	棋牌博弈	住院探视
						健康体适能课程	手工艺课程	个案灵性关怀
						迷你私人花园农场		

健康管理 增值服务4项
- ★健康体检　★康复活动
- ★康复计划　★个案辅导

舒适生活 增值服务11项
- ★穿上用品更换清洗　私人秘书服务
- ★窗帘和纱窗的清洗　出行陪伴
- ★特别膳食服务　租车服务
- ★专属营养师配餐　生活用品代购服务
- ★精致餐点　家具、地板、洁具
- 点餐送餐

志趣培养 增值服务11项
- ★太极社　★温馨旅游季
- ★茶艺坊　★欢乐下午茶
- ★烘焙工坊　★葡萄酒俱乐部
- ★厨艺课堂　★高尔夫兴趣组
- 瑜伽社
- 治疗性团体活动
- 慢性病支持团体

17
18
19

13.卫生间适老设计　　　　17.随园嘉树服务细节
14.主卧室适老设计　　　　18.五禽戏学习
15.餐厅、客厅适老话设计　19.重阳表演重阳表演
16.厨房适老花设计

健康的掌控力。同时,可以对这些数据进行长期追踪记录,会定期形成健康评估报告,专业的服务团队会根据报告给予老年人在生活起居、饮食、慢性病防治等方面的建议。

(2)智能小区

户内智能化系统,包括门灯闪烁、紧急呼叫、不活动通知等。卫生间和客厅中间走道上方设置红外感应系统,老人在家的状态下,如果6小时没有经过该区域,红外感应会及时报警,通知物业中心。紧急呼叫会跳出老年人的数据和之前跟踪的消费习惯、饮食习惯、身体的数据,老人信息记录在系统里可以减少人员更替带来的不便,可以对老人的身体健康状况进行快速的判断和反应。配合电子门卡、一键报警、不活动通知等系统合成数字监管系统,在物业管理中心可对老人的就诊记录、生活习惯、是否在家、是否意外进行及时了解。

(3)舒适生活

每一栋楼都会配置专属的可24小时提供服务的物业人员,为老龄住户提供面对面的家政、转介等日常性服务。有所针对的满足老龄住户生活中所面临的实际问题。

(4)志趣培养社区会组织诸如摄影培训、书法交流、园艺栽培等多样化的活动,丰富住户的业余生活,满足老年人的精神生活需求,同时通过公共活动的组织,为当地居民提供活动、社交的社会平台。

三、运营模式

在运营模式上,由于地块属于旅游用地性质,拥有40年的产权(2003—2043年),因而在规划的575住户中,预计有200套以交易29年产权使用权的方式进行出售(从2014年算起),其他房源则以15年租赁的形式推向市场,既可保证前期部分资金的快速回笼,又可以兼顾物业及租赁所提供的长远收益。其中配套的颐养中心和康复中心由项目开发商自持,第三方的租赁运营,也有利于营造富有活力的社区居住氛围。

另一方面,通过积极的物业运营实践,开发商较为全面的梳理整合自身的养老服务产品类型,积累和掌握了养老型产品的核心运营能力,为今后养老地产的开发和运营积累了宝贵的经验。

四、小结

随着我国老龄人口比重的不断增加,以及我国老年人的个人财富攀升与观念转变,我国中高端养老产品的需求将会在未来逐步提高,而随园嘉树项目的开发及运营为我国中高端养老地产提供了一次积极而有效的尝试,并受到了社会及市场的广泛认可,在同类产品的开发运营上具有较大的参考借鉴意义。

参考文献

[1] 张琳. 养老产业静待时机成熟[J]. 光彩, 2010年09期.

[2] 宗卫国. 万科良渚文化村养老地产项目介绍[EB/OL]. http://zf10000. com/jiaonewsshow.aspx?n_id=543, 2014.04.03/2014.07.01.

作者简介

孙旭阳,同济大学建筑设计研究院景观工程院,所长,上海易境(EGS)景观规划设计公司,设计总监;

江 红,理想空间(上海)创意设计有限公司,规划师;

毛昊航,理想空间(上海)创意设计有限公司,规划师。

养老设施详细规划
Endowment Facilities Detailed Planning

银色浪潮下的新型养老发展模式实践
A Development Model in Senior Housing Property

陈静文
Chen Jingwen

[摘　要]　老龄化已经成为不可回避的现实，老龄化的加速催生了多样的养老需求。养老地产的发展驶入快车道，本文通过对美国和德国养老地产发展模式的研究对比，并以重庆如恩国际养老基地的规划设计为例，探讨了国际经验和本土化接轨的养老地产发展模式。

[关键词]　养老地产；模式；规划设计

[Abstract]　Ageing has become an unignorable problem. Various demands are arising due to ageing acceleration. This article makes comparison of American and German development model in senior housing property, and explores a model which combined international and local experience based on a specific case.

[Keywords]　Senior Housing Property; Development Model; Planning

[文章编号]　2015-65-P-070

1.如恩国际养老基地内部交通体系图
2.如恩国际养老基地项目功能布局图

一、老龄化现状及问题

1. 老龄化现状

2000年，中国65岁以上人口达到8 821万人，占总人口比重达到7%，意味着中国正式步入老龄化社会。2012年，中国65岁以上人口比重达到9.4%，60岁以上人口占总人口比重达到14.3%，老龄化程度加剧。2012年重庆65岁以上人口比重超出全国平均水平2.5个百分点，老龄化问题更为严峻。

2. 老龄化需求变化

家庭养老是中国目前最主要的养老方式，"四二一"家庭结构、"未富先老"的现实环境、整体养老体系和机构欠完善等因素都使养老发展倍感压力。同时，随着人们生活水平的提高，老年群体的生活需求也愈为多样化，不仅仅对于日常起居条件有了更高的追求，在精神慰藉、自我价值体现方面也呈现出日益增长的需求。

3. 当前养老设施发展及问题

2013年底中国收养性社会服务机构4.7万个，床位509.4万张，千名老人床位数为25张。根据《中国老龄事业发展"十二五"规划》，至十二五末全国每千名老年人拥有养老床位数达到30张。北京、上海接近全国平均水平，重庆的养老服务设施缺口极大，

当前千名老人床位数仅为5，距离全国平均水平相差甚远。

中国养老设施开发除了在数量上缺口较大外，也存在建筑品质不高、便利性不足、运动设施不符合老年人特点、没有充足的私密空间等问题。

表1　2013年中国及各直辖市养老设施发展情况

城市	收养性社会服务机构（个）	床位（万张）	养老床位占老年人口比例	老年人口（万人）
天津	498	/	/	/
北京	440	8.3	2.8%	292.9
上海	637	11.2	2.9%	387.62
重庆	/	2.7	<0.5%	>600
中国	47 000	509.4	2.5%	20 200

数据来源：2013年国民经济和社会发展统计公报，2013年重庆市、北京市、上海市、重庆市国民经济和社会发展统计公报。

二、国外养老模式研究

1. 多元文化背景下的养老模式

老龄化是全球性的问题，世界各国在养老实践中都积累了一定的经验，各个国家由于文化、经济、社会等方面的差异，都各自形成了具有自身特征的养老模式（表2）。从各个国家的养老模式来看，社会化养老是普遍趋势，中国在养老压力日益增大的背景下，社会化养老将是必然的选择。

表2　　　各国养老模式对比

国家	养老模式	特征
瑞典	福利型养老	以国家税收作为福利基金的来源，社会津贴水平高
日本	多元化养老模式，兴起群体生活的养老模式	群体养老涵盖了住宅和养老设施的长处，居住者和护员体现和谐的人际关系
韩国	家庭养老为主，社会养老兴起	制定老人福祉法提供保障
澳大利亚	分层机构养老	提供院所照料、社区照料两类服务
美国	产业化养老	要求护理人员必须受过培训并持有证书
德国	多元化，老幼为邻正受到重视	支持自我统筹并整合双向协助的生活方式

资料来源：孙建萍，周雪，杨支兰，申华平. 国内外机构养老模式现状，中国老年学杂志2011（3）；艾克哈德•费德森，周博，范悦，等. 全球老年住宅建筑设计手册。

2. 国外养老发展案例

（1）美国太阳城——CCRC发展模式

美国CCRC持续照料退休社区是发展模式，以老年人的健康状况、生活自理程度为基础，分为全自理、半护理、全护理三类。CCRC模式为不同阶段的老年人提供了理想的养老场所，以差异化、复合化的产品迎合多种养老需求。

以CCRC模式打造的美国太阳城（Sun City）位于亚利桑那州凤凰城，占地37.8km²。据2000年官方

统计容纳人口3.8万人。太阳城以55岁以上的老年人为服务对象，是一座集疗养、医疗、商业、运动、休闲、居住于一体的老年人的"梦之城"。

①配套完备

美国太阳城配备了丰富完善的设施。包含超过130家拥有经营权的俱乐部、7个康娱中心、11个球场，以及泳池、保龄球、网球、小型高尔夫等活动场地，为老年人营造了健康向上的生活氛围。

②无障碍设计

无障碍设计融入到了整个区域的各个细节中。从空间、交通上的安全性、可达性，到房间内部的各项细节设施，到病人身上随身携带的装置，无障碍成为美国太阳城的重要标志。

③可持续的运营策略

美国太阳城的运营，以出租为主。对入住的老人收取一定数额的年费和入住费用，使老人拥有租赁权和服务享受权，但房屋产权由开发商持有。这种运营模式使开发商既能通过抵押产权而获得更进一步资金支持，同时固定的年费也能使其拥有稳定的收益来源。

（2）德国斯图加特Augustinum养老院——老幼为邻

在德国，老幼为邻的社区发展受到鼓励。通过不同类型的住宅的综合，整体打造具有亲和力的居住环境。同时鼓励老年人和年轻人之间的服务互换。同时满足老年人和年轻人的需求将成为德国养老社区打造的重要方向。Augustinum养老院是一家位于德国斯图加特的私人养老院，主要服务于健康的老年群体，为其提供丰富的生活服务和交流活动。

①营造居家的温馨氛围

养老院提供了餐饮、休闲、交流、健身、后勤服务等丰富的设施和服务。同时借助毗邻斯图加特造型艺术学院的便利条件，打造专门的画廊、会客厅、活动大厅，为老年人创造了艺术交流、社会活动的场所，营造了温馨的氛围。同时举办老幼共同参与的游戏、手工制作等活动，导入活力。

②人性化设施

除了在服务和氛围上体现人性化特征之外，基于老年人群的生理及心理特征，在养老院内部设施的各个细节都传递了人性化的关怀。关注基本的交通、出入、防滑等设施，同时注重楼上楼下通透的视野，以及方便出入的电梯设计。

3. 养老设施的特征

虽然各个国家和地区的养老模式各有不同，但在养老设施的打造上亦有众多共同之处。体现了老年群体整体的需求特征变化，可以为今后养老项目的开发提供借鉴。

（1）选择多样性

根据老年人群的身体状况、需求特征，打造多元化的服务设施，契合不同群体的需求。如美国CCRC模式将不同身体状况的老人区分开来，为其针对性的提供服务。精准的客群与产品定位，满足了用户的不同需求。

（2）设施复合化

提供完善的配套设施，满足生活、娱乐、运动、交流多重需求，极大地提高了老年人群的生活品质。

（3）人性与专业

针对老年人的特征，无障碍的设施是设计中考虑的重要因素。涵盖交

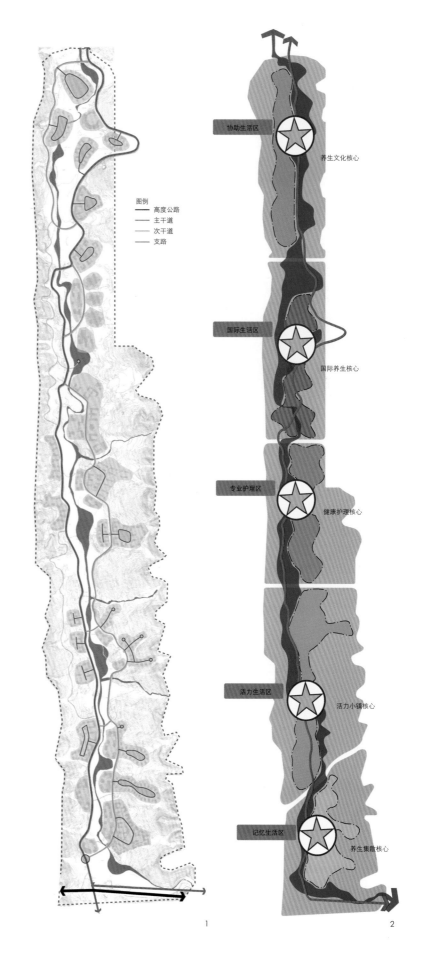

3

3.如恩国际养老基地项目鸟瞰图
4.如恩国际养老基地景观体系
5.如恩国际养老基地分级医疗设施

通、空间、建筑到室内以及各项设施，都以符合不同特征的老年人的需求为导向。

三、"4+1"养老模式—以FTA如恩国际养老基地为例

重庆如恩国际养老基地位于重庆市东南部，距离市中心约1小时车程。基地内部生态环境良好，拥有打造养老产品的优势基础条件。

1. 养老产业的融合发展

结合区域优势资源和基地特色，将养老向养身、养心、养生延伸，同时与生态农业相结合，构建养老产业与生态农业互动发展的产业发展模式。以"4+1"养老模式推动区域经济和社会的可持续发展。

2. 自然生长型的格局

借鉴美国CCRC可持续养老社区的模式，结合老人的健康状况与基地自身的特色资源，根据走廊的纵深，配备养老产品、教育设施、商业设施、公共设施以及安置与配套资源，形成可持续发展的多元化有机功能走廊，最终形成三大功能分区。

（1）国际生活区：通过独栋别墅、老年公寓、康复中心、温泉花园、高尔夫公园以及商业配套等产品，营造活跃、健康的生活氛围，打造国际养老核心。

（2）专业护理区/协助生活区/记忆生活区：引入护理学院、健康护理中心、商业配套、二甲医院等等产品，打造健康护理核心，为老人提供全套的健康护理及康复疗养。

（3）活力生活区：植入五星酒店、学校、养心小镇、文化活动中心、旅游集散中心、教堂健康护理中心以及居住安置区，创造人气充足的精神、文化、休闲、交流的场所，增强健康老人与家人、与社会的融合，为"积极老龄化"创造舒适的条件。

3. 全龄层分级式的资源配置

结合重庆市建委《社区公共服务设施配套标准》及居住区公共服务设施控制指标要求，该区域未来将导入人口约5万人。按照年龄结构以及功能分

区，建立三级配套的医疗康体设施体系，满足不同身体状况老人的需求，并借鉴美国太阳城的商业布局，充分考虑现有老人的特质，将商业辐射半径控制在300～500m。同时，配备幼儿园、小学、亲子公寓等设施，利于老人享受天伦之乐，同时也便于子女定期照顾。

4. 无障碍设计

（1）无障碍交通

如恩国际养老基地的区位交通与美国凤凰城有一定的相似性。距离重庆市中心45km，以一条高速公路及城市主干道与城区相连。高速公路、主干道、次干道和支路四个层级构建了清晰的对外交通体系，实现了很高的区域可达性。

内部交通的组织上，沿水体布置的南北向主干路串联全区，组团道路相对独立并与主要道路相连，各组团之间以自然绿地分割，保证一定的私密性。

（2）无障碍设施

在室外活动区域设置无障碍升降平台、通道、扶栏、低位公用设施；室内则将入户门加宽，便于老

人出入，并设置了相应的低位设施，同时采用紧急呼叫、知识系统等日常无障碍生活设施。

5. 可持续发展

（1）生态环境可持续

养老与农业的结合除了在产业上实现可持续发展之外，以"一条四季花卉景观"形成生态屏障，设置休闲运动绿地、保留田园风光，实现景观上的绿色发展。另外，将主动节能与被动节能措施相结合，打造恒温恒湿的养老环境。

（2）经济社会可持续

开发策略上亦注重可持续性。以完善的配套设施为先导，聚集充足的人气，同时打造相应的养生产品，并通过安置区实现经济和社会的均衡发展。以生态修复为前提，实现农民职业化、居住集中化，并帮助完成土地流转，推进城乡统筹发展。

6. 多方共赢实现示范效应

将养生养老与都市农业相结合，整合各方资源，打造养老现代服务业模式。通过多种功能的整合，实现国际化养老社区示范、幸福宜居生活形态示范、产业优化结构调整示范和科技创新节能示范。并在居民安置与拉动就业、引进国际资源打造地区品牌、大西部地区现代化服务产业升级方面成为引擎。

四、结语

我国已进入老龄化快速发展阶段，"银发浪潮"带来的"老何所依"问题，已引起了社会各界广泛关注。伴随老龄化的升级，养老地产将在不断磨合和探索中前行。随着经济、社会的发展，未来养老地产也将朝着可持续、复合化的方向发展，不仅仅只局限于"老有所依"，更要实现 "老有所养"、"老有所乐"，"老有所为"。

资料来源

[1] 国家统计局. 中国统计年鉴2013[DB/OL]. http://www.stats.gov.cn/.

[2] 邓颖，李宁秀，刘朝杰. 老年人养老模式选择的影响因素研究[J]. 中国公共卫生，2003 19（6）：731–732.

[3] 国发[2011]28号，中国老龄事业发展"十二五"规划[S].

[4] Feddersen E, I Ludtke, 周博, 范悦, 陆伟. A design manual living for the elderly[M]. China Civic Press.

[5] 李卿曦. 从CCRC开发模式看中国未来养老地产的复合形态及其技术要求[J]. 工程建设与设计，2012（08）：1–1.

[6] Suncity[Z]. http://suncitycenter.org/.

[7] Augustinum[Z]. http://www.augustinum.de/.

[8] FTA Architectural Design Group. 如恩国际养老基地[Z]. 2012.

作者简介

陈静文，德国FTA建筑设计有限公司策划部总监，注册规划师。

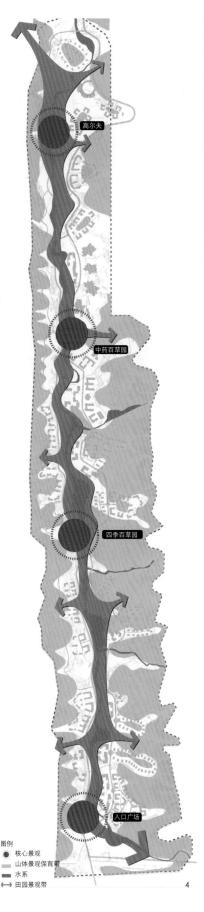

图例
- 核心景观
- 山体景观保育带
- 水系
- 田园景观带

4

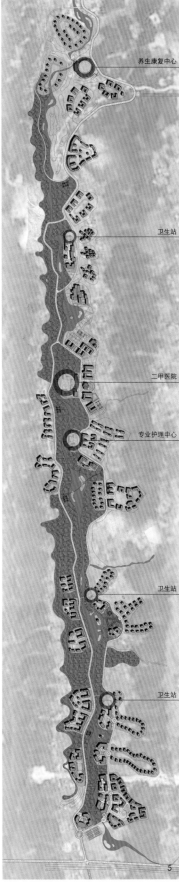

养生康复中心

卫生站

二甲医院

专业护理中心

卫生站

卫生站

5

人口老龄化背景下综合型养老社区规划探索

The Exploration of Comprehensive Pension Community Planning under the Background of Aging Population

王粟 夏晶 刘贺
Wang Li Xia Jing Liu He

[摘　要]　本文以威海市文登综合养老社区规划设计为例，重点从场地设计、交通组织和社区信息化建设等方面，探索人口老龄化背景下，符合我国老年居住心理和行为习惯的综合型老年社区建设模式。

[关键词]　人口老龄化；综合型养老社区

[Abstract]　This paper takes an example of Wendeng, Weihai to discuss comprehensive pension community planning. We explore a proper construction mode of comprehensive pension community for the aged from site design, traffic organization and community informationlization.

[Keywords]　Aging Population; Comprehensive Pension Community

[文章编号]　2015-65-P-074

1.总体鸟瞰图　　　5.基地高程
2.现状土地功能　　6.结构分析图
3.基地坡向　　　　7.道路交通图
4.现状道路与水域

一、引言

从全球范围来看，未来几十年全球老龄人口规模和比例将迅速上升，而作为世界上人口最多的发展中国家，我国人口老龄化也呈现出加速发展的态势。当下，解决老龄问题、发展养老事业是实现国家"十二五"规划宏伟目标的重要内容。如何实现完善养老体系建设，探索适合我国国情的养老居住模式，是每一位规划设计工作者的职责所在。

二、项目概况

文登综合养老社区位于山东省文登市葛家镇境内。文登位于山东半岛东部，西近昆嵛山，与烟台市牟平区和乳山市相接，西临威青高速，南近309国道，东与威海国际机场相距约22km。依托"中国长寿之乡"文登市便捷的对外交通和宜人的自然环境，结合模式化推广的初衷，在2 800亩的规划范围内利用现状山水、交通等要素组织各养老服务组团，实现"老有所居、老有所养、老有所依、老有所乐、老有所学和老有所为"六大养老目标。

三、规划设计

1. 场地现状

规划范围内现有村镇相对集中，水域条件良好，现有道路相对密集，入区道路多集中在主干道两侧。基地坐北朝南，地形总体呈现北高南低的特点。北部山地承接圣经山之势起伏有序，南部缓坡广阔开敞，空间上呈现出环抱和汇聚的特点，与水体结合自然延展。北高南低的特点使基地得到充分的阳光照射，遮蔽冬季寒冷的北风，同时可以有效地组织地表径流，规划中即利用了地形的这一特点。

2. 设计理念

结合山、水、溪、谷独特的自然资源和综合养老社区的发展定位，规划伊始，就考虑将自然元素与养老文化元素相互融合，使生态与养老相得益彰，并提出了"一碧福溪萦三山，幽幽禄谷远更绵。古韵寿峦多瞻仰，开泰禧至祝长庚"的设计理念，诠释规划设计中的山水人文意境。

3. 功能分区

养老社区共有六大功能区块组成。其中居住功能区由VIP别墅区、独栋区、老年公寓区和低密度小高层区组成。养老服务区由综合服务区和老年服务区组成。六大功能组团由特色景观相互串联，满足老年人休闲养老的需要。

4. 规划结构

结合地形和内部组团关系，规划提出了"两轴·双翼·三区·六片"的整体规划结构，在尊重自然地形的基础上，梳理各个组团关系。

两轴，以"帅"字石为轴线交点，组织南北向文化轴和东西向生态轴。

双翼，以中轴对称展开，抱山面水，生态品质较高，私密性较好的养老生活片区。

三区，即位于规划区腹地的核心养老区。

六片，服务老年各类生活需求的组团片区，涵盖居住、购物、休闲、护理、养生、运动等多个方面。

5. 道路交通

交通系统规划依托现状路网，规划道路系统形成"外部道路—社区主干路—社区次干路—宅前路"四个等级对接的网络化路网结构。内部道路循岸线、就山势，尊重山地自然环境的特点，在满足交通便捷可达的基础上，降低交通对养老环境的干扰。

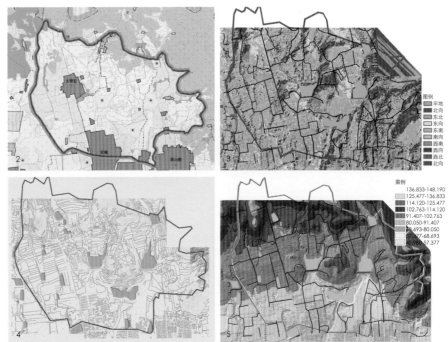

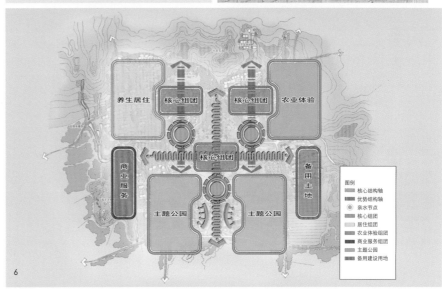

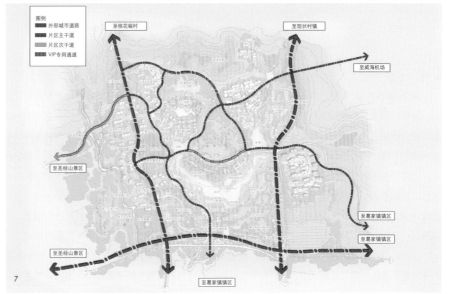

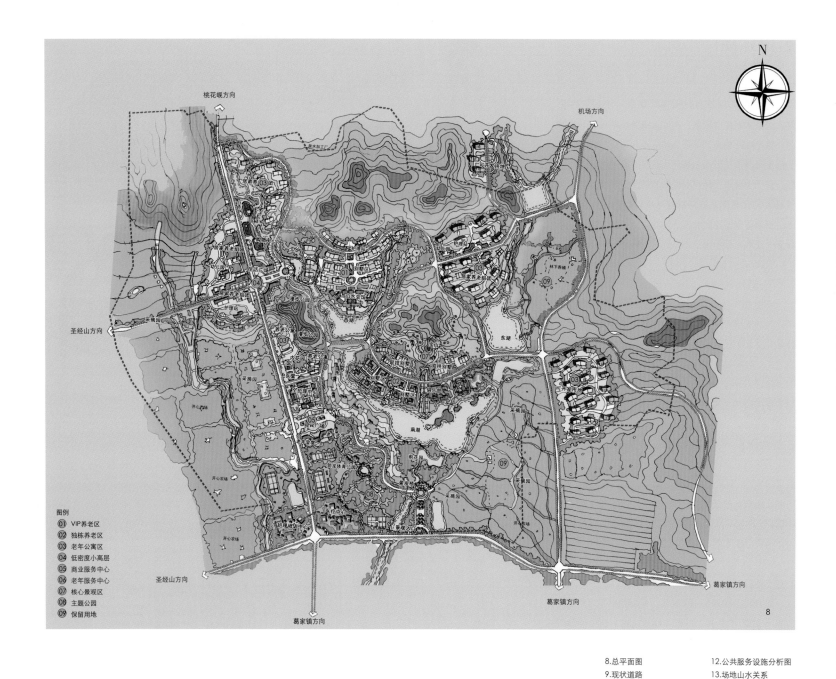

图例
① VIP养老区
② 独栋养老区
③ 老年公寓区
④ 低密度小高层
⑤ 商业服务中心
⑥ 老年服务中心
⑦ 核心景观区
⑧ 主题公园
⑨ 保留用地

8

6. 慢行系统

规划慢性系统由慢行游线和各级开放空间组成，其中，根据功能组团的关系，开发空间又分为三个级别。一级开放空间由广场、公园等部分组成，通过开放功能空间吸引居民集聚，形成社区活动的中心。二级开放空间由绿树空间和亲水空间组成，构成居民生态养生、休闲慢步的主要场所。三级开放空间由各类型会所和主题空间组成，具有服务针对性的特点。

此外，慢性系统注重出行自动化辅助，配置助力交通工具、盘山电梯等，提高老年人户外活动时间。

7. 景观规划

养老社区内部的景观，以中轴宝山和"帅"字石为主，有效地组织起社区滨水空间和山地空间。对滨水驳岸的处理采取人工与自然相结合的方法，满足老年人近水休闲的需要；减少对山地空间的破坏，保持山林生态原貌，突出山体优美的天际线，并利用山地起伏的效果，在规划中打造养老溪谷景观带。通过景观手法对现状谷地和鱼塘进行改造，在满足防洪需求的基础上，挖掘溪谷的景观价值。

此外，在充分利用北高南低的地形优势的基础上，对现状植被和水体元素加以艺术化改造，以水为

脉，引水绕宅，将水系汇聚于场地中央的森林溪谷，将建筑融于山水园林之中，形成了山水格局浑然一体的园林意境。

8. 养老公共服务设施规划

建立完善的公共服务设施体系是支撑养老居住的基础。由于社区西侧毗邻圣经山全真教文化旅游度假区，服务设施的配置上考虑到老年人旅游休闲的需要，布局少量养老度假设施等，与此同时，在社区内部分布老年大学、老年图书馆、中医养生堂、养生会所、体育文化公园等围绕老年人日常生活需要的相关

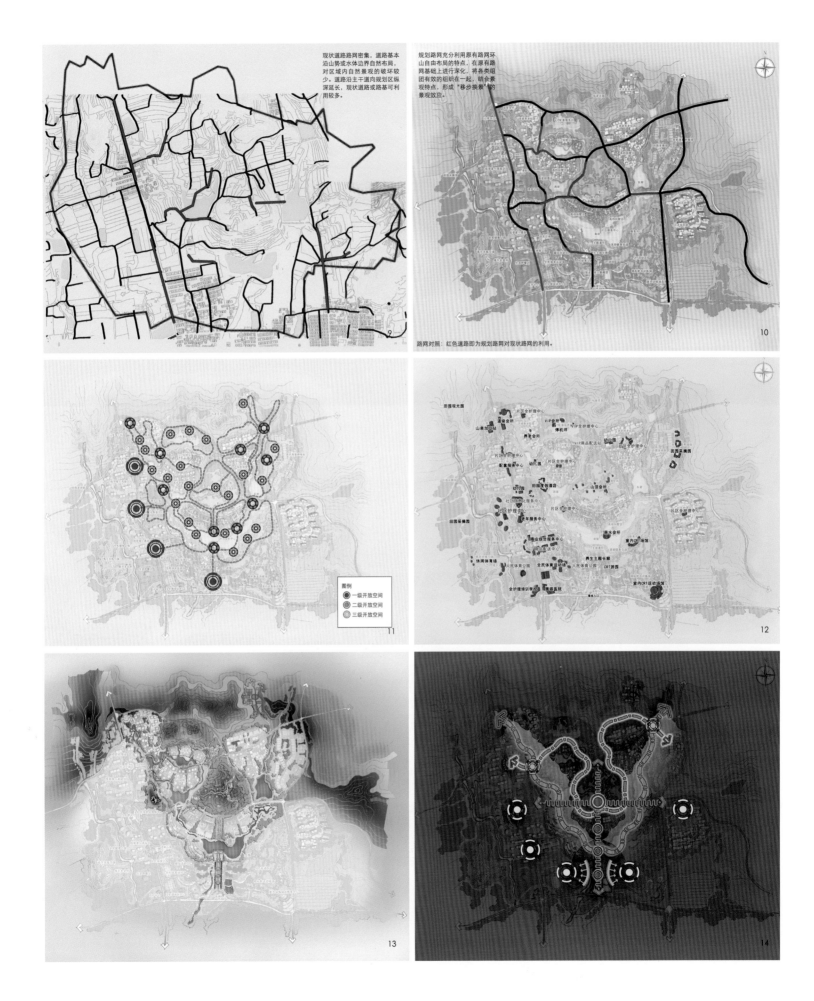

现状道路路网密集，道路基本沿山势或水体边界自然布局，对区域内自然景观的破坏较少。道路沿主干道向规划区纵深延长，现状道路或路基可利用较多。

规划路网充分利用原有路网环山自由布局的特点，在原有路网基础上进行深化，将各类组团有效的组织在一起，结合景观特点，形成"移步换景"的景观效应。

路网对照：红色道路即为规划路网对现状路网的利用。

图例
- 一级开放空间
- 二级开放空间
- 三级开放空间

10

11

12

13

14

15

16

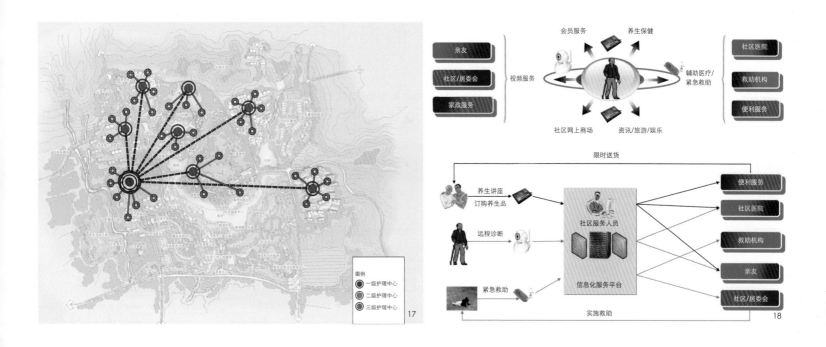

图例
- 一级护理中心
- 二级护理中心
- 三级护理中心

17

18

15-16.滨水娱乐效果图
17-18.老年全护理布局与信息化服务内容

配套设施。

搭建老年全护理信息平台是文登综合型养老社区的重点，通过建立智能化信息平台，运用现代科技为老年人提供安全便捷的服务环境。结合功能布局，老年全护理信息平台体系由三级组成，即社区全护理中心（一级）、片区全护理中心（二级）和家庭全护理中心（三级）。一级开放空间由广场、公园等几部分组成，通过开放功能空间吸引居民集聚，形成社区活动的中心；二级开放空间由绿树空间和亲水空间组成，构成居民生态养生、休闲慢步的主要场所；三级开放空间由各类型会所和主题空间组成，具有服务针对性的特点。

在应用方面，社区信息化信息平台服务中心提高了老年生活的安全性和舒适性；技术方面，社区信息化服务中心依托先进的信息化技术，在视频管理化平台的基础上，实施远程全方位监护。

社区全护理中心具有综合护理、医疗保健、中医养生、养老服务等多种功能，集自动化、信息化为一体。社区信息化服务中心将被作为全护理服务体系的"芯片"植入一级护理机构，监控指导各级别护理活动，实现全天候护理覆盖。

片区和家庭全护理在一级护理中心的总控与协调下，在老年居住、度假养生和绿色休闲等方面，承担具体的智能化辅助内容。

四、小结

"关爱老人"是中华民族的传统美德，从规划层面为提高老年人居住品质，丰富老年人晚年生活创造条件，是设计师"敬老、爱老"的重要实践。本文以文登综合型养老社区的规划设计为例，探索在当今全球老龄化问题日渐突出的背景下，普及型、长效的综合社区养老模式的规划建设模式，使我们对新环境下的大型综合养老社区有一个较全面系统的认识。亦希望有更多的学界同仁关注我国老龄化问题，参与养老社区规划建设的研究，探索一条符合我国实际国情的养老社区的规划建设模式。

参考文献

[1] 邬沧萍.漫谈人口老化 [M].辽宁：辽宁人民出版社,1986.

[2] 丁成章.无障碍住区与住所设计 [M].北京：机械工业出版社, 2004.

[3] 岳公霞.休闲住区环境景观设计原则探讨[J].现代园林,2006 (07).

[4] 薛丰丰.城市社区邻里交往研究 [J].建筑学报,2004 (04).

[5] 项智宇.城市居住区老年公共服务设施研究 [D].重庆大学,2004.

作者简介

王粟,中国建筑设计研究院•城镇规划设计研究院,环境所,所长,高级建筑师;

夏晶,中国建筑设计研究院•城镇规划设计研究院,规划师;

刘贺,中国建筑设计研究院•城镇规划设计研究院,规划师。

项目信息

项目名称：山东省文登市综合养老社区规划设计

负责人：王粟

项目组成员：王粟 夏晶 刘贺 褚天骄 周熙 徐冰 武凤文

基于新型城镇化背景下的养老度假产业园探索
——福建漳州龙海市隆教乡兴古湾养老度假区概念规划

The Planning of the Pension Resort Based on the Background of New Urbanization
—Pension Resort Concept Planning of Xinggu Bay in Longjiao Township in Longhai, Zhangzhou, Fujian

何京洋 孙伟娜 余巨鹏 杨克伟
He Jingyang Sun Weina Yu Jupeng Yang Kewei

[摘　要]　本文分析了国内养老产业现状与趋势，结合漳州龙海市自身特点，创新性的提出养老度假产业园的规划理念，研究如何在新城镇背景下推动养老度假产业园的发展。同时对养老产业规划设计所需注意的问题进行思考与探讨。

[关键词]　养老；产业；度假；新型城镇化

[Abstract]　This paper analyzes the status and trend of domestic pension industry, combined with Zhangzhou Longhai city of its own characteristics, proposed innovative planning concepts pension holiday industry park, how to promote the development of nursingresearch in the new town park holiday industry background. At the same time thepension industry planning design needed to pay attention to the problem of thinkingand discussion.

[Keywords]　Pension; Industry; Resort; New Urbanization

[文章编号]　2015-65-P-080

1.用地适宜性评价图
2.现状高程分析图
3.现状坡向分析图

一、引言

2l世纪人口老龄化问题和养老问题成为许多国家都无法回避的国际性课题，也是目前中国社会关注的一个热点问题。此外，我国社会在加速老龄化的同时，城市化发展也进入关键的转折期与快速发展阶段。在国家新型城镇化发展的过程中，产业的支持至关重要。养老产业是依托第一、第二和传统的第三产业派生出来的特殊的综合性产业，具有明显的公共性、福利性和高赢利性，将成为国民经济的重要产业，同时也将是新型城镇化过程中重点发展的产业。在本文中，我们以福建漳州龙海市隆教乡兴古湾养老度假区概念规划项目为契机，探索一种新型的养老与度假结合的产业模式，并从新型城镇化角度分析其具有的现实意义。

二、规划的意义

养老度假产业园具有选址倾向于郊区型和远郊型的特征，这些地区往往自然环境较好，具有度假的潜质和养老的优势，但基础配套设施薄弱。而远郊型的养老度假产业园一般规模较大，所需要的配套设施更加多样，在一定程度上，对新型城镇化的发展具有重要的推动作用，主要体现在以下三个方面。

（1）有效疏解大城市人口

我国老龄化程度的区域分布呈现"东高西低"的梯次特征，并且东部经济发达地区的大城市正面临城市人口膨胀所带来的各种城市问题。通过对老年人养老区位意愿调查统计数据看出，更多老人倾向于到远郊区和风景区养老。因此将这部分老年人口吸引到位于远郊的养老度假产业园，一定程度可以起到疏散中心城市人口作用。

（2）促进就地城镇化

养老产业的多样化养老服务需求提供了大量的就业岗位。根据我国未来老年人口规模的增长趋势，以及国家养老服务业配备的从业人员数量，初步估计到2020年，我国将新增4 000万名养老产业从业人员。因此，以老年住宅业、老年医疗保健业、老年护理服务业和老年商品为核心的养老度假产业园可以为当地的小城镇农民提供更多的就业机会，减少农民工过去钟摆式、候鸟型的流动，从而达到就地城镇化。

（3）促进城镇产业健康发展

城镇化的发展离不开产业的带动。据研究，除了养老社区所带动的服务产业之外，老年食品和营养保健品是目前老年人最迫切的需求，分别占老年人日常消费的52.8%和30.7%。因此，将这些服务与产业集聚在一起的养老度假产业园，不仅可以推动其所在的城镇利用自身资源，开发适合老年人的绿色、健康

食品，还可以带动当地服务业、食品加工业及旅游业等绿色产业的发展，有效避免很多城镇走引进工业先污染再治理的老路，实现资源节约和环境友好的健康发展。

三、项目简介

1. 基地概况

本项目位于福建漳州龙海市隆教乡，紧邻海岸，规划面积约2.43km²。总体地质条件良好，其中基地中部为丘陵地貌，地形起伏较大，属二类建设用地；其他部分则地形平缓，属一类建设用地。基地北侧有201省道（计划拓建）通过，东边和西边分布自由的乡村道路。现状用地主要为可建设用地，零星分布有工业用地和海鲜养殖场，拆迁量比较小。

2. 开发契机

（1）区位条件优越

漳州龙海市地处厦门湾南岸、福建第二大江九龙江出海口、厦漳两市的重要连接地带，东部与厦门共处一个海湾，东北部与厦门接壤，西与漳州市区毗邻，具备"东承西接"的地理特征，形成得天独厚的区位优势。

（2）宜人的气候条件与丰富的自然及人文资源

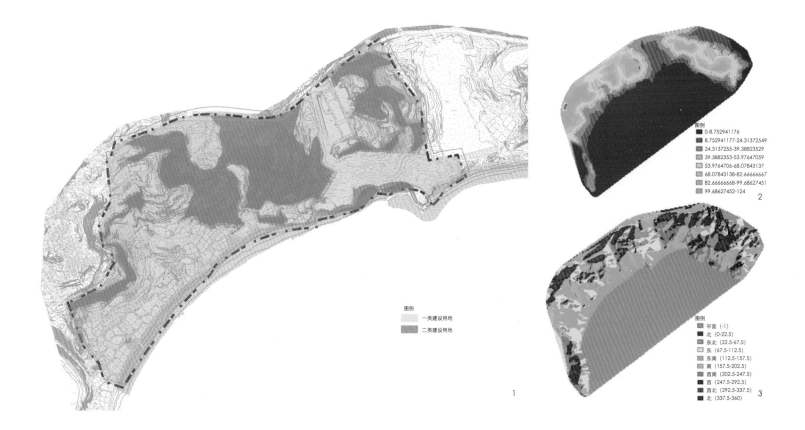

图例
■ 一类建设用地
■ 二类建设用地

1

图例
■ 0-8.752941176
■ 8.752941177-24.31372549
■ 24.3137255-39.38823529
■ 39.3882353-53.97647059
■ 53.9764706-68.07843137
■ 68.07843138-82.66666667
■ 82.66666668-99.68627451
■ 99.68627452-124

2

图例
■ 平面 (-1)
■ 北 (0-22.5)
■ 东北 (22.5-67.5)
■ 东 (67.5-112.5)
■ 东南 (112.5-157.5)
■ 南 (157.5-202.5)
■ 西南 (202.5-247.5)
■ 西 (247.5-292.5)
■ 西北 (292.5-337.5)
■ 北 (337.5-360)

3

龙海、漳州气候湿润、一年四季温度宜人，具有极好的气候优势。同时周边旅游资源丰富。

（3）内外养老需求

漳州龙海养老度假产业发展的视野应放眼东南沿海乃至全国范围，以大区域旅游的组织者和整合者的高度确立漳州龙海旅游的地位，创造全新的发展机遇，以满足国内发达地区不断外溢的老龄人口的养老度假需求。

（4）政策支持

漳州市人民政府及其重视养老体系和养老产业的发展。不仅发布关于加快社会养老服务体系建设的意见，对养老服务设施覆盖的范围以及相关指标进行指导。

3. 规划内容

（1）设计策略

结合国内外养老社区、相关产业发展与建设的实际案例，以及项目所处的地理、人文与政策背景，针对新型镇化的发展特征以及老龄人口的特殊需求，方案形成六大策略。

①生态保障策略

设计尊重自然，将基地内的山体、平地和海岸等进行用地适宜性评价，充分利用地形，因地制宜地进行保护和开发，解决用地与建筑、道路交通、地面

排水及建设的局部与整体的矛盾，积极营造一个自然、生态、永续的养老养生基地。

②新型城镇构建策略

顺应"人往沿海走，钱往山区投"的福建省新型城镇化总体战略，隆教乡该区域养老健康产业新城镇的发展能带动当地社会经济的长足发展，引导厦门漳州等周边地区人口向此疏导，提升沿海发展轴的整体竞争力，促进整个漳州厦门经济区的中小城镇构架和良性发展，从而促进当地就业，加速就地城市化进程。

③养老养生策略

设计旨在围绕健康颐养、休闲、养生，配套完善的商业、度假、休闲、教育设施，构架一个环境良好、社会和谐的新城镇。以"健康养老、快乐养老、精彩养老"的目标，提供专业化、标准化、集约化的养老服务，倾情打造集托老养老、疗养养生，文化运动、休闲娱乐及餐饮于一体的大型养生养老园区。

④精品度假策略

本着自然、生态的理念，为基地周边、长三角、珠三角、海峡两岸游客老人及北方京津冀等迁徙性的度假休闲客户设计一个集旅游、休闲、娱乐、保健、商务等多种功能于一体的精品度假场所，是城市人回归自然，度假娱乐，休闲养生养老的绝佳境地。

⑤文脉延续策略

通过对当地宗族精神、宗教信仰等风俗文化的挖掘（闽南文化，侨胞文化），在设计中融入传统文化要素、营造文化活动场所，延续文脉，增加老年人心灵归属感。

⑥景观塑造策略

规划采用绿化渗透的设计手法，通过将水、绿带和山体等的连接，对规划区域自外而内进行绿化带的辐射渗透，同时结合宗祠、庙观等人文景观要素，营造一个生态自然且文化底蕴深厚的景观系统。

（2）设计方案

①总体构思

园区总体呈现"一轴、两带、三环、三片区"的规划结构。"一轴"指的是依托园区主要道路形成的园区东西向主要的发展主轴，"两带"是在园区南北向主要道路的基础上形成的园区纵向发展带，"三环"指的是依托三个片区的内部主要联系道路形成的内部联系环。"三片区"分别是颐养区、颐乐区和颐居区，分别对应三个不同的开发时期，并且功能和设置设置各有侧重。颐养区是一期建设片区，侧重于医疗养护度假产业。颐乐区是二期建设片区，侧重于商业休闲研发产业。颐居区是三期建设片区，侧重于生产居住度假产业。

②功能与设施布置

基地面积较大，整体分为三期进行分部开发，

临然经山坡，清波映碧天
墨画东篱下，鏊智待伙伙
天渔受依怀，刑作伙水间
起吉泽如数，顺朱誊天宇
承屋文数，案亭安文数
宇情悠，注篆伙宇。

4. 日景鸟瞰
5. 体结构图
6. 规划结构图
7. 概念规划设计图

各期的功能有所区别。

一期建设医疗养护度假产业片区。主要围绕养老医疗、养老看护服务产业展开，布局一处占地8万平米的园区健康养老医护中心，其中包括终关护理院，老年人疾病护理中心，日间照护中心，临怀中心，养老公寓等，建立老年健康档案、数据搜集，形成一站式（one stop elderly service）的老年养护医疗服务中心；同时围绕主要的养老医疗养护产业，配套发展养老住宅产业，与医疗养护产业形成良性互动，在一期产品主要为老年公寓和适老化全龄社区；南侧酒店和度假产业的规划，结合良好的海滩地景，设计标志性的五星级养生度假酒店，酒店的西侧沿海布置度假 购物商业等设施，完善园区功能；沿绿化隔离带设计采摘果园，组织老年人参加园艺种植等活动，以适应老年人"归田园居"的心理诉求。

二期建设商业休闲研发产业片区。商业休闲研发等健康养老功能作为园区二期的主要功能。随着一期医疗养护和度假功能的起步，二期的主要功能将随

之完善园区的功能结构；南侧商业购物休闲小镇的建设，不仅吸引人气而且拉动园区服务业发展；北侧的配套设施包括健康养老产品的研发，以及适当的养老产品商业配套设施，完善园区内部功能的同时，也带动了区域经济片区就业岗位的增加；养老的度假休闲小镇的建设增加了养老的园区的地域感和归属感，老年活动休闲公园的建设完善园区内的休闲活动设施，幼儿园等的配套体现全龄社区，"原居化"理念；老年住宅产业的发展继续围绕全龄社区展开，产业的服务对象包括对外的迁徙度假人口和当地的有养老诉求的人口，从而合理化园区内的产业结构。

三期建设生产居住度假产业片区。主要围绕健康颐养用品产业、养老住宅产品和度假产业继续深入发展。基地北侧布置健康养老产业的生产、研发、展示销售等功能的片区，加强园区健康养老产业造血功能，完善片区功能结构；南侧沿海设置度假、休闲和商业等功能，以加强园区的度假服务功能；三期全龄化养老社区产业的建设，更加注重社区内配套设施是

完善，包括：小学、体育公园和社区配套设施等的配建，从而逐步实现园区内健康养老功能的长久发展，逐渐使园区养老实现"原居化"从而真正形成功能合理、活力充足、社区和谐的全年化、全龄化社区，为园区的长久发展和区域新城镇建设带来更多的契机。

四、后续思考

目前养老这一"朝阳产业"，由于巨大的市场需求，广阔的发展前景，极大的产业带动能力及对城镇化的推动作用，成为国内开发和投资的新热点。但是由于国内发展时间较短，经验与实践都不足，养老产业的发展虽潜力大但障碍多。故笔者认为通过对本项目实践经验的总结及国内外相关案例的研究，在养老产业相关的空间和社区规划设计中，以下的问题值得大家共同思考与关注。

（1）养老社区模式的多样化和主题化

养老社区开发模式要多样化和主题化，应结合

地方特点与需求进行主题性的多样化探索。例如本项目中结合特有的资源与政策等优势，将度假与养老结合，并升级整合为养老度假产业园。相关的养老模式还包括老年人康复社区、亲情社区、学院式养老社区、温泉疗养社区等主题。

（2）设施配置与空间设计的灵活性

养老产业的核心是服务。因此对于养老而言，社区的设施配置显得极为重要。目前国内社会养老刚起步，老龄人口对服务设施的需求特点，需求强度、周期等都尚未明朗。尽管有国外的经验可以借鉴，但由于社会和文化背景的差异，在实际过程中，仍需要充分考虑设施配置与空间设计的灵活性，使得设施的数量与空间的利用方式可以随着需求的变化与增加进行灵活的调整与适应。

（3）产业组合的适应性与带动性

养老产业包含的细分产业极其多，整个养老产业包括老年人的生活照料、产品用品、健康服务、文化娱乐、金融服务、住区建设等，产业链很长。不同的项目规模不同，所处区位条件以及可利用的资源都有所不同。因此在规划设计养老社区或养老产业园时，需要根据现状，找出最适合该地区的细分产业和功能进行组合、规划设计，才能够在最大程度上完善该区的产业链，带动该地区养老产业和城镇的发展。

作者简介

何京洋，上海大夏建筑规划设计有限公司，总经理助理，城市规划部门经理，养老研究中心副主任，"大夏堂"论坛秘书长，法国里昂第二大学城市规划硕士，同济大学城市规划硕士；

孙伟娜，上海大夏建筑规划设计有限公司，经理助理，项目规划师；

余巨鹏，上海大夏建筑规划设计有限公司，总裁兼总经理，同济大学城市规划博士，"大夏堂"堂主；

杨克伟，上海大夏建筑规划设计有限公司，设计总监，养老研究中心主任，一级注册建筑师，同济大学建筑学硕士。

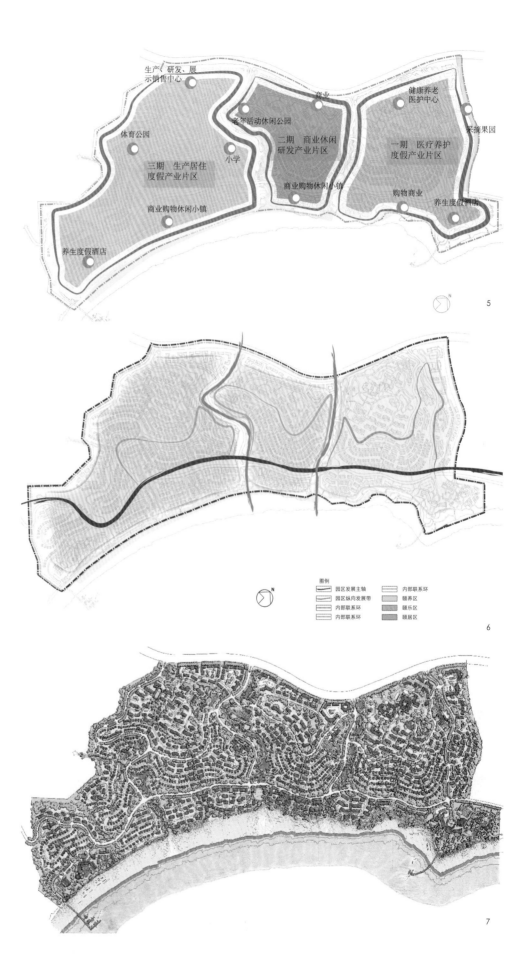

老年（养老设施）建筑、景观和室内设计
Elderly (Endowment Facilities) Architecture, Landscape and Interior Design

"适应老化"的养老设施类型研究
Research on the Senior-friendly Facility Type

李庆丽 李 斌
Li Qingli Li Bin

[摘　要]　研究对上海市三家养老设施内的195位老年人进行生活行为观察及问卷调查，通过实证性调研结果探讨不同自理程度老年人的生活行为、环境需求的差异，提出"适应老化"的养老设施类型体系。研究将养老设施分为服务型、照护型、护理型三类，明确不同类型设施的服务对象、空间结构模式、功能用房配置要求。目的在于更精准地应对不同自理程度老年人的差异性居住需求，提高设施内老年人的生活质量。

[关键词]　适应老化；养老设施；类型；居住需求

[Abstract]　The study is by living behavior observation and questionnaire of 195 seniors from 13 aged care facilities in Shanghai to discuss the differences of the seniors' living behaviors environmental demands through their different degrees of independence, to put forward the senior-friendly facility type system. In the study Senior-care facility is divided into three types-independent living, part-independent living, and nursing care to identify service object, spatial structure model, and functional rooms' distribution requirements. The aim of the study is to more precisely meet the seniors' different residential requirements and improve seniors' life quality within these facilities.

[Keywords]　Senior-friendly; Senior-care Facility; Type; Residential Requirement

[文章编号]　2015-65-P-084

一、研究背景与目的

养老设施是老年人居住建筑的重要组成部分，它是为老年人提供住养、生活护理等综合性服务的机构。国外养老设施一般根据收住老年人所需要帮助和照料的程度，对不同类型的养老设施进行科学的功能定位。由于老年人经济水平、身心健康状况、生活习惯等有很大的差异，导致老年人对服务需求的多样化，因此养老设施类型分类也较为多样化。例如美国将养老设施分为自住型、陪护型、特护型三类；日本分为有料老年之家、轻费老人之家、养护老人之家、特别养护老人之家等多种类型；中国香港将安老院分为低度照料、中度照料、重度照料三种；中国台湾则分为老年安养设施、老年养护设施、老年养老设施以及护理之家等等。

在我国由于各规范编制单位分属于不同的部门，养老设施的概念和分类体系在现行各种规范中的表述名称繁杂、类型各异，大致有养老院、福利院、敬老院、护理院等名称。而这些养老设施职能类同，接待对象和服务内容大同小异，分工、分类不明确不规范，给运营和管理带来极大不便。国内养老设施的规划设计没有明确的分类与建设标准，未充分考虑不同老化程度（自立期、介助期、介护期[1]）老年人的差异性需求；而有关"设施类型"的研究没有落实到

具体的"建筑形式"上，缺乏对规划设计的指导性。因此，笔者认为必须对中国的养老设施建筑进行分类与分级。清晰的分类标准，便于明确养老设施的范围，可以更好地对养老设施进行规划与建筑设计。

二、不同自理程度老年人的环境需求特征

1. 老年人的差异性生活特征

养老设施的类型应立足于满足不同自理程度老年人的差异性居住需求，提供差异性的空间居住条件和照料服务。这就需要探讨不同自理程度老年人的生活特征及空间使用需求。因此，本研究运用行为观察法及问卷法，对上海市3家养老设施内195位老年人进行生活行为、设施的空间使用状况的观察分析，以及老年人对设施居住需求等主观认知的问卷分析。依据身心水平及自理能力将195位老年人分为自立期、介助期、介护期三类，总结出不同自理程度老年人的差异性生活特征[2]（表1）。

2. 老年人的差异性需求特征

调查分析得知，老年人有着各自不同的身体状况、生活行为模式、照料需求以及空间需求。养老设施建筑设计既要考虑适宜老年人的整体需求，又要适应不同老年人的个体需求。而老年人的自理能力的程

度决定着老年人"居住条件"的私密和支持程度，以及向老年人提供"照料服务"的方式和程度。以本研究所涉及的设施入住老年人为例，针对不同自理程度的老年人应有适当的环境配置指标，可参考本次调查的三段式划分方式，以满足不同自理程度老年人的差异性需求。

（1）将自立期的老年人置于一般的老年人的生活环境中提供健康促进计划，并提供较为私密的居室空间、足够充分的室内外公共活动空间，以及丰富多样的设施活动安排和适当的家务协助服务；

（2）对于介助期的老年人应提供较为私密的居室空间、促进交往的室内外公共活动空间，以及有助于身心机能康复的设施活动安排和完备的家务协助、适当的个人照料服务，以促进其对恢复健康的强烈诉求；

（3）对于介护期的老年人应提供充分便于照料服务的居室空间、可达性好的单元公共空间，以及完善的个人照料、护理照料和适当的医疗照料服务，以满足其基本的生活需求。

三、养老设施的类型定位

由于不同自理程度老年人的差异性需求不同，这就需要对现有单一的养老设施类型进行重新的定位

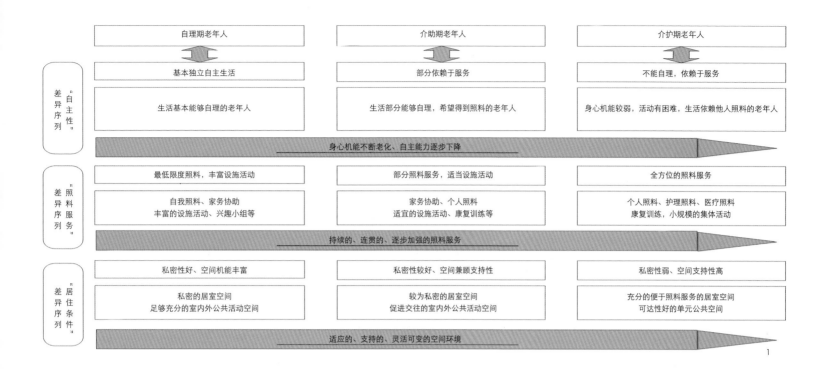

1.不同自理程度老年人的差异性需求

表1　　　　　　　　　　　　　　不同自理程度老年人的差异性生活特征

		自立期老年人（102位）	介助期老年人（48位）	介护期老年人（42位）
生活行为分析	生活行为模式	能较自主地、选择性地参与设施活动与拓展生活行为，生活作息整体比较有规律，能够较好的适应群体的、设施规律化的作息安排	生活行为较为丰富，生活行为主要分布在单元共用空间，较能适应设施的作息安排，但在设施活动方面没有表现出特别的积极性	生活内容单调，行为分布局限在床位区，生活作息个人差异明显，生活类型单一。无法影响制度化的、集团式的作息规定
	照料方式或程度	基本自我照料；需要提供饮食的准备或打扫、衣物洗涤、处理垃圾、购物等家务协助；部分常用药剂，量血压等简单的护理照料	全面、完善的家务协助；部分的协助穿衣、移动、洗浴、移动等个人护理；常用药剂、涂抹药物等诊疗看护护理照料	更加全面、完善、长时间、针对性的个人护理；常用药剂、涂抹药物等诊疗看护护理照料；部分的诊疗、检查、治疗、运动疗法等医疗照料
空间使用分析	空间使用特点	居室内有饮食、个人兴趣、会客等行为空间需求；携入个人生活物品、家具、电器等		狭小的床位区集中餐饮、洗漱、视听等行为空间
		单元为主要的生活空间；目的性地、自发聚集地利用单元的主要活动空间；兴趣活动、打麻将、聊天、就餐等；家务、做饭等行为较多	单元为主要生活空间；选择方便到达的、开放性的谈话角落、沙发；观察、小憩、聊天、视听、就餐等	单元为拓展的生活空间；方便到达的、有人气的场所，或个人静养的场所；观察、小憩等
			散步、接受照料行为较多	
		设施为拓展的生活空间；较多利用公共活动室	较少到设施活动，拓展行为领域的需求；与其他单元老年人接触、互动的需求	
		散步、接触大自然、接触社区等行为比较多		
	空间利用方式	自主地利用和比较自主地利用，设施空间为他们提供了活动展开的平台	由自主地选择空间向被动地使用设施空间转变	被动地利用空间，基于日程安排或必需性行为使用空间
需求认知分析	空间需求特征	对空间的需求量较高；偏重于单元共用空间及居室的设计	较强追求健康的愿望，使其对各项空间需求量略高于自理能力较好的自立期老年人；偏重于单元共用空间及居室的设计	对于空间的需求量急剧减少；偏重于居室的设计
	认知评价	老年人强调居室外的空间设计要以方便到达、实用、共享为标准，公共设施的设置要有选择性，以节制经营者环境建构的成本		对设施环境，特别是建筑硬件的提高有着更强烈的愿望
与环境的关系		自主性强；对环境的占有和改造	较强的自主性；对环境的适应和占有	被动性强；对环境的依附和适应

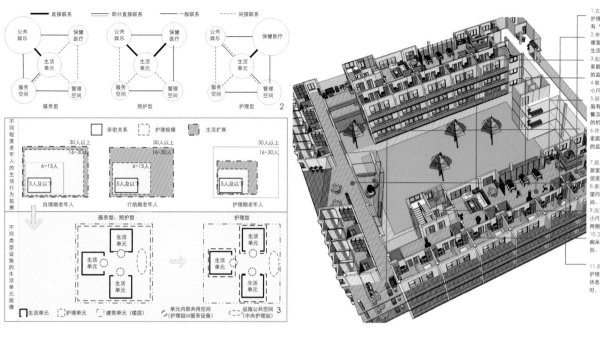

（图中文字）

直接联系　部分直接联系　一般联系　间接联系

公共娱乐　保健医疗　生活单元　服务空间　管理空间

服务型　　照护型　　护理型　　2

不同程度老年人的生活行为拓展

亲密关系　护理规模　生活扩展

30人以上　30人以上　30人以上
16～30人　16～30人　16～30人
6～15人　6～15人
5人及以上　5人及以上　5人及以上

自理期老年人　介助期老年人　护理型老年人

不同类型设施的生活单元规模

服务型、照护型　　护理型

生活单元　生活单元　生活单元

生活单元　生活单元　生活单元

生活单元　护理单元　建筑单元（楼层）　单元内部共用空间（护理组or服务设备）　设施公共空间（中央护理站）　3

1.玄关——安全与归宿感
护理员办公处紧邻玄关，安全、便于管理。玄关形成了"家"的入口，有"家"的归宿感。
2.单人间、单人化房间——隐私的尊重
寝室保证了老年人的隐私和个人独处的时间。个人物品的带入，确保了生活的连续性。
3.起居空间——照料与交流的双向保证
家属式的起居空间，使老年人的活动在护理员的视线范围内，保证了有效的监视。同时，轻松的环境有利于老人之间、老人与护理员间的交流。
4.餐厅——家庭氛围的营造
小尺度的就餐空间，有利于形成亲密的关系。
5.厨房——简单、安全的配备
虽有集中厨房送餐到单元内，但在简易的开放式厨房里进行简单的配膳及督前准备，为老年人提供从事简单家务劳动，融入家庭社交活动的机会。
6.休闲空间——小集团、亲访者的亲接触
家属式的起居空间，使老年人的活动在护理员的视线范围内，保证了有效的监视。同时，轻松的环境有利于老人之间、老人与护理员间的交流。
7.居室前空间——观察与交流
居室的半私空间，是私密的居室与公共的走廊的过渡空间，有利于促进老年人与他人的接触与交流，展开窄密的小范围的交流。
8.景观平台——与大自然的亲密接触
望向河景的最佳平台，让高楼上的老年人也能感受一日之中的时间、一年之中的季节变化，与大自然亲密接触。
9.浴室——可介助的洗浴
小尺度的浴室，尽可能避免多人的集体洗浴，保证老年人的隐私。浴缸两侧留有护理活动的空间，便于护理、保证安全。
10.卫生间——容易找到，方便介助
痴呆的症状中，失禁是护理中最重的负担。卫生间容易被老年人识别、方便到达，有利于维持老年人自立自助的机会。
11.护理站——不明显的监视
护理站与老年人起居空间柔软的连接，有利于视线上的照顾。护理员的休息室紧邻护理站，提供护理员休息、私密的会谈、社交的场所。同时，也促进了护理员作为"家庭"生活中的一员的认同感。

4

2.不同类型养老设施的功能分析图
3.不同类型养老设施的单元规模
4.护理型养老设施的生活单元设计细则

与分类，构建新型的养老设施居住体系。针对不同自理程度的老年人特征创立不同的设施类型，提供差异性的空间居住条件和照料服务。每一类设施提供及具备某一范围的功能，在养老设施内设置相对应的服务内容，不同的设施采用不同的硬件环境设置标准。同时，对于不同类型的养老设施而言，进行明确的功能定位，确定服务对象，提供与之适宜的服务内容，才能造就个性化的形象、显现经营管理特色。

因此，笔者参照不同自理程度老年人的差异性需求和国外的分类标准，对养老设施的分类参考如下三个主要变量：老年人自理能力的差异、老年居住环境空间需求差异、向老年人提供服务方式和程度。按照三个变量的差异序列，将养老设施各种类型的差异定位提供比较模型。

三个类型养老设施的服务对象与功能定位则如表2所示。（1）服务型：以自理老年人为对象；为能够过独立自主的生活的老年人提供文化娱乐、医疗保健等方面服务的养老设施。（2）照料型：以介助老年人为对象；为无法独立维持自立的生活，需个人照料服务，但尚未到需要持续性医疗、看护服务的老年人，提供生活照料、文化娱乐、医疗保健等方面服务的养老设施。（3）护理型：以介护老年人为对象；为生理或心理有障碍的老年人，提供生活照料、保健康复和精神慰藉等方面服务的专业养护设施。

四、不同类型养老设施的空间模式

根据不同类型养老设施的服务对象与功能定位，下面将对三个类型养老设施的空间模式进行探讨。设施空间由不同空间基本功能分区构成，在不同空间模式中，空间基本功能分区之间位置关系不同。这三类设施的空间模式的差别主要体现为空间上各个功能分区的联系方式、各个功能分区的功能用房的设置，以及设施环境的构建细则三个方面。

1. 养老设施的功能分区

在功能分区的联系上，服务型设施强调公共娱乐与生活单元的紧密、直接联系，服务空间的部分功能可以分散到生活单元中；医务空间、管理空间、服务空间与生活单元有间接联系；设计的重点是生活单元和公共娱乐空间以及可以诱发老年人相互交往行为的过渡空间。护理型设施的医疗空间与生活单元紧密相连，能够为老年人提供及时的医疗服务；为防止入居老年人在日常活动中发生意外，管理空间与生活单元有直接联系。照料型设施则介于两者之间，生活单元与公共娱乐、保健医疗都有较为直接的联系。在生活单元的模式上，依据不同自理程度老年人的生活行为拓展范围及护理需求特征[3]，护理型设施以"护理单元=生活单元=6～15人"为佳，而服务型、照护型设施则以"护理单元= N×生活单元= N×（6～15人）（N>1）"为佳。

2. 养老设施的用房配置

在各个功能分区的用房设置上（表3），服务型设施强调公共娱乐空间各个活动室的充实配置满足老年人的休闲娱乐需求，以及生活单元的服务房间

表2　　　　　　　　　三个类型养老设施的服务对象与功能

	设施名称	主要服务对象	主要功能组成	备注
1	服务型	生活基本能够自理，健康而有活力的老年人	居住空间（强调生活功能）、生活公共娱乐空间、医疗空间、管理空间、服务空间	自立期
2	照料型	无法独立维持自立的生活，需个人照料服务，但尚未到需要持续性医疗、看护服务的老年人	居住空间（融合生活照料）、娱乐康复空间、医疗空间、管理空间、服务空间	介助期
3	护理型	生理或心理有障碍的，需要完备的个人照料服务，以及持续性医疗、看护服务的老年人	居住空间（强调护理功能）、康复活动空间、医护空间、管理空间、服务空间	介护期

设置满足其家务劳动的需要。护理型设施强调医疗空间用房的充实配置，以及生活单元的护理功能，对公共娱乐空间的需求则较少。而照料型设施则介于两者之间。

3. 养老设施的环境建构

在设施环境的构建细则上（表4），服务型设施提供保持健康促进交往的设施环境，提供较为私密的居室空间、足够充分的室内外公共活动空间，以及丰富多样的设施活动安排和适当的家务协助服务。照料型应提供较为私密的居室空间、促进交往的室内外公共活动空间，以及有助于身心机能康复的设施活动安排和完备的家务协助、适当的个人照料服务。护理型设施提供充分的便于照料服务的居室空间、可达性好的单元公共空间，以及完善的个人照料、护理照料和适当的医疗照料服务，以满足其基本的生活需求。

图4为笔者的设计实践，在针对认知症老年人的护理型设施设计中，参照了表3、4的标准和构建细则。如：生活单元内部的起居空间尺度适宜，摆设家庭感强的沙发、茶几、电视等家具电器；餐厅与起居室柔软连接，为单元内进餐、饮茶或团聚的小尺度空间；护理站融入居家环境之中，与老年人活动空间保持视线上的联系，保证护理员有效的监护；小尺度的无障碍浴室，浴缸两侧留有护理员活动的空间，便于护理、保证安全等等。设计针对痴呆症老年人的生活及护理特点，提供一种与他们的需要和行为相一致，非强制性的护理型养老设施空间环境。

五、小结

总之，养老设施分类应立足于满足不同身体状况老年人的居住需求，以老年人居住需求为规划设计的基本原则。本研究将养老设施分为服务型、照护型、护理型三类，明确不同类型设施的服务对象、空间结构模式、功能用房配置要求。同时，根据不同老化程度老年人的差异性需求特征，从空间环境建构（居室、单元、公共空间、区位）、服务环境构建（管理理念、照料内容、活动安排、单元规模）等两方面构建差异性的空间居住条件和照料服务。新型养老设施的类型体系以"适应老化"为基本理念，其目的在于更精准地应对老年人的需求，满足老年人身心老化过程中不断变化的需求，提高设施内老年人的生活质量。

同时还要看到，随着社会的发展，居民的养老观念和聚居方式正在发生变化，分类既要具有广泛的适应性、一定的前瞻性。同时，社会对不同类型养老

表3　　　　　　　　　　不同类型养老设施的功能用房配置

功能房间			服务型	照料型	护理型	备注
生活单元	居室	类型　单人间	◎	○		双人间、四人间应保证私密性，并可以灵活分隔
		类型　双人间	●	●	◎	
		类型　四人间内			●	
		起居空间	●	●	●	护理型床位可调整
		娱乐空间	●	◎	○	灵活、可调整
		会客空间	◎	○		
		卫生/洗浴	●/○	●/○	●	服务型与单元浴室选一
		餐厨空间	◎	○		设备易简易、安全
		储藏空间	●	●	●	
		阳台空间	◎			
	单元活动空间	餐厅	●	●	●	宜开放，可兼活动空间
		活动室（厅）	●	●	●	开放、可达性好
		谈话角落	●	●	●	分散多个，多样机能
		单元厨房	●	◎	○	开放布置，临近餐厅
		单元厕所	●	●	●	宜分散布置多个
		单元浴室	◎	●	●	特殊浴盆，含更衣室
		单元水房	●	◎	◎	
		护理台	○	◎	●	置于一隅，紧邻活动厅
		单元平台	◎	◎	●	
公共娱乐空间	活动室	视听室	●	●	●	受欢迎的活动室，可将功能分散到每个单元中，或两三个单元合并设置
		棋牌室	●	●	◎	
		阅读室	●	●	◎	
		手工室	◎	◎	○	
		书画室	◎	◎	○	利用较少的，可选择向社区开放 活动室功能应在实际使用中灵活调整
		网络室	◎	◎	○	
		音体室	◎	○		
	多功能厅		●or○	●or○	●or○	大型、特大型为● 可兼作餐厅对外开放
	四季厅		○	◎or○	◎	严寒、寒冷区为◎
保健医疗空间	健身室		◎	○		照料型、护理型可两三个单元合并设置
	复健室			◎	●	
	医务室		◎	●	●	基本健康咨询、管理
	理疗室			○	●	
	心理咨询室		◎	◎	◎	可与社区医疗合设 可对社区老年人开放 可外包由医疗机构提供
	诊疗室			○	◎	
	观察室			○	◎	
管理空间	门卫		●	●	●	
	值班室		○	○	○	含监控
	办公室		●	●	●	
	会议室		◎or○	◎or○	◎or○	大型、特大型为◎
	其他					根据需要设置
服务空间	公共厨房		●	●	●	
	洗衣房		◎	●	●	含消毒、甩干、烘干等
	其他					根据需要设置

注：●为应设置，◎为宜设置，○为可设置。

087

表4 不同类型设施的差异性环境建构

		服务型	照料型	护理型
服务对象		自理老人	介助老人	介护老人
居住条件	居室	提供简易流理台、用餐的空间与设备，会客、兴趣活动空间，可促进社交休闲的便利性；睡眠私密空间与会客、简易厨房等半私密空间领域需清楚界定；自主携带家具和电器，自主装饰居室、展示个性的权力		充实床位空间，提供便盆椅、移动就餐桌等设备；床位能看到外部的景观；设置半开门、对走廊开窗增加居室与外部的联系；护理员休息空间
		居室内的空间功能、家具设备等应具有一定的可调节性，使得床位区有相对机动的空间功能		
	单元	开放的、流动的、多样的单元共用空间；走廊动线上设置多个活动场所（餐厅、谈话角落等），吸引老年人驻足并参与；室外阳台、眺望窗等，与户外互动的场所；提供报纸、书、电视机等多样的共用娱乐物品；提供老年人一个人静处也能有意义度过的场所；空间功能具有一定的可调节性，适应老年人的需求变化		
		提供家务、厨房等空间需求。应避免过于封闭，可采半穿透性隔间促进使用意愿	提供复健空间、职能治疗的怀旧空间与开放厨房、方便护理的洗浴设备等；共用空间应设在便于助步器或轮椅到达的地方，并面向外部空间（单元外或室外）	
	设施	部分公共空间亦可向社区开放，以促进老年人与社区的互动；优先集中设置保健室（可合并设置健身与复健设备）、图书室、娱乐室等，活动室的设计应考虑后期经营方向，考量公共空间与居住楼层的垂直动线关系，方便服务老人并增加安全感可提高使用意愿		
		具备不同功能、方便到达的、具有丰富多样的相应活动日程支持的公共活动室	应设置便捷的垂直/水平交通方式；与同楼层其他单元老年人接触的公共空间	
		提供户外庭园种植花草的花圃空间，可促进此类型老人的自主性休闲；可临近社区或街道开放部分绿地，促进与外部交流	着重无障碍户外庭园散步道与造景空间；提供户外庭园可种植花草的花圃空间，促进此类型老人的自主性休闲	应尽量设于一楼或邻近主要休闲设施楼层；通过屋顶平台、立体花园等设计，提供方便到达的户外空间
	区位	邻近公园、菜市场，老人步行可到达公交站点，搭车可达热闹街区等休闲资源	社区巷弄、步行可到达的菜市场	邻近公交站点，方便亲友探视
照料服务	管理照料观念	提供基本休闲服务：电影欣赏、卡啦OK、购物专车；相对宽松的管理服务，满足其个性化、自主化的需求		
		鼓励老年人自组才艺社团、义工，使活力得以发挥；鼓励老年人自主地参加设施活动，参与设施管理；鼓励自主的家务行为（如洗衣服、洗杯子等）	护理员应多鼓励老年人参加设施活动，以促进其对恢康复健的强烈诉求；加强复健医疗服务，平日应提供护士健康咨询与检讨服务，每星期应定期提供医师驻诊服务	
	照料服务	以自我照料为基本，设施提供家务协助为辅；常用药剂、涂抹药物等的诊疗看护护理照料	完善的家务协助，部分的协助穿衣、移动、洗浴、移动等个人护理；常用药剂、涂抹药物等诊疗看护护理照料	提供充分、全面的个人照料服务；护理照料、医疗照料服务，以满足其生活、照料的基本需求
	设施活动安排	提供多样的兴趣活动，提供自主的设施氛围	组织适宜老年人身心特征的设施活动	有必要在上午时间段有针对性地开展一些活动以减少其无为、发呆行为的产生
	单元规模	采用开放式的、灵活可变规模的生活单元和较大规模的护理单元模式	在护理单元规模较自立期老年人略小	生活单元及护理单元都应小规模化

设施的需求程度也是有差别的。中国未来高龄化、失能失智老年人将持续增多，此类老人所需要的照料服务比较专业且需要全天服务，一般家庭除了很难具备服务质量，人力物力上也很难负担。而护理型养老设施能提供专门化的照料服务，最大程度满足该类老年人的生活需求与人格尊严；同时护理型养老设施能发挥护理专业人员的价值，为家庭减轻负担解放社会劳动力。因此，主要面向介护老人使用的护理型养老设施最为欠缺，应成为今后养老设施规划建设的重点所在。

注释

[1] 本研究中老年人自理程度的分类，依据《养老设施建筑设计规范》GB 50867—2013中有关老年人自理程度的分类标准。

[2] 前期研究以195位不同自理程度老年人的生活行为、空间使用状况等为研究内容，总结出不同自理程度老年人的差异性生活特征。具体研究内容及结论可参考文献1、2，在本文中不再详细论述。

[3] 根据《上海市养老设施管理和服务基本标准》规定，护理员与老年人的照料比例中，专护为2.5:1～1.5:1，而三级护理则为10:1～5:1，两者相差数倍。

参考文献

[1] 李庆丽，李斌. 养老设施内老年人的生活行为模式研究[J]. 时代建筑，2012（6）：30－36.

[2] 李斌，李庆丽. 养老设施空间结构与生活行为扩展的比较研究[J]. 建筑学报S1，2011（5）：153－159.

[3] 李斌，黄力. 养老设施类型体系及设计标准研究[J]. 建筑学报，2011（12）：81－86.

[4] 刘炎，张文山. 我国养老设施分类整合探讨[J]. 河北建筑工程学院学报，2009（2）：71－73.

[5] 桑春晓，程世丹. 当代老年居住建筑类型浅析[J]. 华中建筑，2009（5）：84－87.

作者简介

李庆丽，大有水木建筑设计（北京）有限公司，建筑师；

李斌，同济大学建筑与城市规划学院，教授，博士生导师。

社区道路的适老性设计
Research on the Senior-suited Design of Neighborhood Road

顾宗培 魏 维 何凌华
Gu Zongpei Wei Wei He Linghua

[摘　要]　在我国社会老龄化日益严重的背景下，国家提出了90%的老年人居家养老、7%社区养老、3%机构养老的"9073"养老模式，以落实"居家养老"
和"社区养老"政策为出发点，社区道路的适老性问题成为室外环境设计的关注焦点之一。本文在提出道路布局适老性理念的基础上，对道路功能及
其适老性设计原则、道路设施及其适老性设计准则进行研究，总结其设计要点。

[关键词]　社区道路；室外环境设计；适老性

[Abstract]　The aging society is becoming an increasingly serious problem in china. In this context, a model of 90% home-based support, 7% community-
based support and 3% institution-based support for the aged is put forward by the government. In this system, how to make the neighborhood
roads suitable for elders is attracting more attention than ever before. By proposing the guiding principles, this article tries to give a guidance of
different function of road and different kind of road facilities.

[Keywords]　Neighborhood Roads; Senior-fit Outdoor; Environment Design

[文章编号]　2015-65-P-089

一、背景

在我国社会老龄化日益严重的背景下，国家提出了90%的老年人居家养老、7%社区养老、3%机构养老的"9073"养老模式。以落实"居家养老"和"社区养老"政策为出发点，社区道路的适老性问题成为室外环境设计的关注焦点之一。

然而，老年人作为社区道路使用者中最为敏感的重要群体，其需求在设计中往往没有得到足够的重视。包括《城市居住区规划设计规范》（GB50180—93）在内的一系列设计标准，对于社区道路的适老性设计缺乏具体应对，而《城镇老年人设施规划规范》（GB50437—2007）、《老年人居住建筑设计标准》（GB/T50340—2003）等针对老年人居住及设施的相关规范，则在适用范围上局限于老年人居住和使用的特殊建筑，无法对常规社区的道路建设进行控制和引导。从实际社区建设情况来看，多数社区道路远远不能达到适老性标准，无法满足老年人出行和活动的需要，这一定程度上降低了老年人的生活品质，并对其健康与安全构成了一定的威胁。

在我国城市老龄化问题愈发严重的今天，亟需针对社区道路适老性设计理念与准则进行深入研究。本文在提出道路布局适老性理念的基础上，对道路功能及其适老性设计原则、道路设施及其适老性设计准则进行研究，总结其设计要点，以期为社区道路的适老性设计提供指南。

二、社区道路布局的适老性设计理念

社区道路的概念顾名思义是指社区中的道路设施，通常情况下包括居住区、小区和组团道路，以及社区内部不同住区间的城市支路。按照使用功能划分，社区道路包括社区内机动车道路、慢行道路和停车场，以及与道路相关的设施，如照明系统、台阶、坡道、交通标识等。

社区道路的适老性设计理念主要体现在道路系统简洁通畅，具有良好的可达性，明确的方向感和可识别性，体现无障碍设计，避免人车混行等方面。具体包括以下四点。

1. 可达性

社区道路设计应体现可达性，令室内外空间之间和不同的室外空间之间具有较舒适方便的连接，并应保证救护车能就近停靠在住宅的出入口。

2. 方向感和可识别性

道路系统应简洁通畅，具有明确的方向感和可识别性；避免老年人因视力障碍、方向感减弱等造成方向迷失或发生交通事故。

3. 无障碍设计

道路系统应全面施行无障碍设计，并具体体现在路面、坡道、标识和具体节点的设计中。包括设置明显的交通标志及夜间照明设施等。

4. 人、车分流

为了保证老年人出行交通安全，道路系统应采用人车分流，避免车行交通对人行交通的干扰。

三、道路功能及其适老性设计原则

按照使用功能划分，社区道路包括行车道、步行道和停车场三种类型。

1. 行车道

老年人作为社区行车道的使用者，具有多种角色。作为机动车和非机动车辆驾驶者，老年人需要较宽的行车道、醒目的道路交通标识、充足的夜间照明，以及在出入口、交叉口和道路转弯处对视距三角形的保证；作为乘客，老年人需要道路设计具有良好的可达性，以保证车辆和救护车能够到达住宅的出入口；而作为步行者，老年人在穿越机动车路时，需要醒目的人行横道、安全岛等安全设施。设计要点总结如下。

（1）可达性：道路设计应简洁流畅，方便救护车、消防车及轮椅通行。

（2）出入口和交叉口设计：社区的主要出入口宜设在城市次要道路上。交叉口设计应体现步行优先原则，较宽的道路应当设置安全岛，保证老年人能够

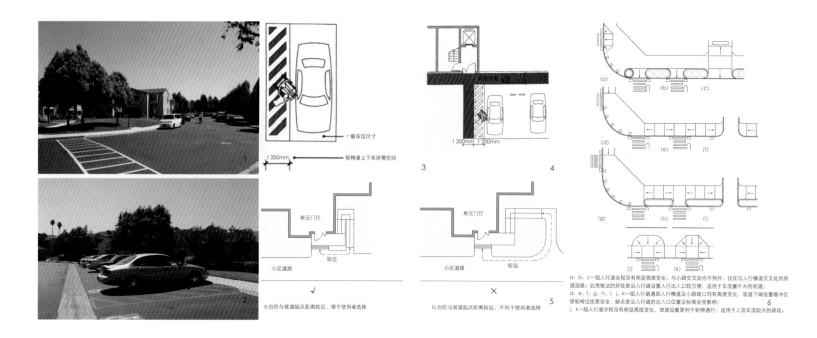

a.台阶与坡道起点距离较近,便于使用者选择
b.台阶与坡道起点距离较远,不利于使用者选择

a、b、c一组人行道全程没有明显高度变化,与小路交叉处也不例外,仅在与人行横道交叉处用坡道连接。此类微妙的好处是沿人行道设置人行出入口较方便,适用于车流量不大的街道;
d、e、f、g、h、i、k一组人行道遇到人行横道及小路路口均有高度变化。坡道下端设置缓冲区使轮椅过街更舒坦,缺点是沿人行道的出入口位置及标高会受影响;
j、k一组人行道全程没有明显高度变化,坡道设置更利于轮椅通行,适用于人流车流较大的路段。

1.社区机动车道路　　　　　　4.停车场安全步道设计
2.轮椅停车位示意图　　　　　5.台阶与坡道的起止点相对位置比较
3.轮椅停车位的尺寸要求　　　6.人行横道、路缘坡道和步行道的衔接

顺利穿过车行道路。道路转弯处保证视距三角形,视线高度不种植高大灌木。

（3）夜间照明与交通标识:主要道路应有足够的夜间照明设施,并设有明显的交通标识。

2. 步行道

步行道主要包括与行车道结合设置的人行道、独立设置的步行道和与景观结合设置的园径三类。其中,与行车道结合设置的人行道主要满足老年人出行的交通需求,应在保证道路宽度、强调无障碍设计的基础上,加强对道路铺装的设计,并避让公共设备;独立设置的步行道和景观园径则更多承担了老年人对于健身、休闲、社交和休憩的需求,应加强对步行路线的设计,同时增加休憩设施。

（1）步行道的宽度与高度

除了满足常规步行需求外,具有适老性的步行道设计需考虑轮椅使用者安全通行的要求。一次一台轮椅通过所需要的宽度最小为120cm,轮椅使用者与步行者错身时,人行道最小宽度为135cm;自步行道路面起限定范围内应保持其有效空间,此范围不允许树木枝叶、电线杆及其附属物和广告牌伸入。在《老龄社会住宅设计》一书中,对于步行道的宽度根据道路等级和道路流量的不同,对步行道的宽度和高度建议见表1。

（2）无障碍设计

老年人使用的步行道应设计成无障碍通道系统。步行道经过机动车道、非机动车道及与不同标高的步行道相连接时应设路缘坡道;整条步行道途中不得设置台阶梯道或超过20mm的垂直高差。坡度不宜大于2.5%;当大于2.5%时,变坡点应予以提示,并宜在坡度较大处设扶手。对于不同交通流量的社区道路,应采取不同的衔接方式。

表1　步行道的宽度和高度

	宽度[1]（m）		高度（m）
	高流量[2]	一般流量	
居住区路	≥2.4	1.8-2.1	≥3.0
小区路	≥2.1	1.5-1.8	≥2.5
组团路		≥1.5	≥2.5

注:[1]此范围不包括树池、休息座及垃圾收纳箱,如设置灯杆应靠近路缘一侧;[2]如通向社区活动中心路段。

（3）步行路线设计

宜采用环路连通、富于变化的步行路线。漫长而笔直的步行路线缺乏区位,且可能导致老年人失去方向感。步行道应互相连通,形成环路,转折点或终点设标志物增强导向性。

（4）休憩设施

步行道两侧应设置座椅等休憩设施,供老年人小憩之用。座椅设置应考虑老人社交需要,采取内向围合方式,并适当设置娱乐交往设施。

（5）道路铺装

步行道路面应选用平整、防滑、色彩鲜明的铺装材料。其中,园径建议采用软质地面(如土、硬胶等)。

（6）公共设备

避免公共设备(电线杆、标志牌、邮筒信箱、交通标志等)侵占人行道,保持人行道的完整。

3. 停车场

老年人使用社区停车场具有驾驶者与乘客两种角色,停车场的适老性设计主要体现在可达性、无障碍和人车分流三个方面:首先,老年人停车位应靠近建筑物和活动场所出入口,方便老年人到达目的地;其次,应设置轮椅专用停车位,并与人行通道衔接,保证轮椅乘坐者能够便捷地出行;此外,宜在停车场设置安全步道,保证老年人出行安全。按使用功能分,停车场包括机动车停车场和非机动车停车场两类。

（1）机动车停车场

①停车场位置

专供老年人使用的停车位应相对固定,并应靠近建筑物和活动场所入口处。

②轮椅专用停车位

与老年人活动相关的各建筑物附近应设供轮椅使用者专用的停车位,其宽度不应小于3.5m,并应与人行通道衔接。轮椅使用者使用的停车位应设置在靠停车场出入口最近的位置上,并应设置国际通用标志。

③安全步道

除正常车辆行驶通道外,应设置一条专用的人行步道,尽量不与车道交叉,宽度不应小于1 200mm。

（2）非机动车停车场

①专用的非机动车停车场

老年人经常使用电动三轮车和自行车出行、购物，应设置专用的非机动车停车场，提供充足停车位。

②停车场的位置

停车场尽可能靠近单元出入口，并设雨棚防止雨淋，方便老人进出停放。

四、道路设施及适老性设计准则

道路设施包括道路照明、交通标志、交通标线、交通信号灯等设施。其中对于老年人而言，道路照明设计、台阶、踏步与坡道设计及交通标识设计与其出行与使用的安全便捷有着显著的影响。

1. 道路照明设计

老年人视觉特征要求提供更高的照明标准，在设置时应考虑照明的安全性。

（1）照明设备

确保充分的亮度，以增强视力下降的老年人对户外空间深度和高差的辨别能力。设置具有适当性能的照明设备；照明设施应选择适当的安装位置，避免灯光直接射入眼睛。

（2）重点照明区域

重点照明区域一般在建筑物的出入口、停车场以及有踏步、斜坡等有高差变化的危险地段，让老人能清楚分辨台阶、坡道的轮廓。配置高度不等的照明灯光可形成重叠的阴影，有利于减少眩目的强光，增强老年人的辨别力。

（3）备用照明

在特别需要灯光的位置，应有备用照明。

2. 台阶、踏步设计

考虑老年人的身体条件，台阶与踏步的设计应在宽度与高度、扶手与标志、可辨识度等方面加强适老性设计。

（1）台阶

①宽度与高度

台阶的踏步宽度不宜小于0.3m，踏步高度不宜大于0.15m。台阶的有效宽度不应小于0.9m，并宜在两侧设置连续的扶手。

②扶手与标志

台阶宽度在3m以上时，应在中间加设扶手，在台阶转换处应设明显标志。

（2）踏步

①轮廓

踏步边缘应有助于老人辨识踏步轮廓，如在顶面与前立面用对比度较大的两种颜色区分，或利用踏步边缘的防滑条作为高差提示，使用与踏面色彩反差较大的颜色，勾勒出踏步转角的轮廓。

②色彩

踏步不应采用容易引起视觉错乱的条格状图案。

3. 坡道设计

步行道路有高差处、入口与室外地面有高差处应设坡道，以确保社区的无障碍设计。

（1）宽度与坡度

独立设置的坡道的有效宽度不应小于1.5m，坡道和台阶并用时，坡道的有效宽度不应小于0.9m，坡道的起止点应有不小于1.5m×1.5m的轮椅回转面积。坡道侧面凌空时，在栏杆下端宜设高度不小于50mm的安全档台。室外坡道的坡度不应大于1/12，有时因用地条件限制，坡道的坡度不能满足规范要求，此时，即便因空间所限无法采用适宜的坡度，也不应放弃设置坡道，当坡度≥8%时，须同时设置醒目的指示牌。

（2）铺装与防滑

选用吸水或渗水性较强的面材，如透水地砖等；尽量使坡道处于雨棚遮挡之下，是最有效的防滑措施。坡道与出入口平台的转折连接处应通过地面材质的变化加以强调，或贴加色带，以起到警示作用。

（3）顺应流线

坡道的位置应在从小区道路到单元出入口的步行流线上，避免因坡道设置不当造成绕行。如果同时设有坡道和台阶，二者通常宜邻近布置，且起止点相近，以方便使用者做出选择。

（4）扶手与护栏

坡道两侧至建筑物主要出入口宜安装连续的扶手。扶手高度应为0.9m，设置双层扶手时下层扶手高度宜为0.65m，坡道起止点的扶手端部宜水平延伸0.3m以上。坡道两侧应设护栏或护墙。

4. 交通标识设计

交通标识包括路标、指示牌、地图等，考虑老人视觉退化的特点，应在标志的色彩、尺度和色彩等方面加强适老性。

（1）文字尺度：标志文字的尺度应按行走速度和距离决定，并应考虑用照明、鲜明的色彩或者触摸装置来加强提示性。

（2）色彩：标志物应采用明亮、鲜艳的色彩，如蓝色或黑色的底、白色的标志，或者其相反色调均可，从而刺激人的视觉，引起老人的注意。

五、结语

在我国"9073"养老格局的前提下，社区将成为老龄化社会中老年人主要的活动区域，社区道路的适老性设计对于保障老年人出行的安全与生活的便捷有着至关重要的作用。本文对社区道路的不同功能和不同设施分别总结其适老性设计要点，但仅覆盖了较为基本、普遍的道路类型和道路设施，仍需补充更多的细节设计。此外，对于不同地区和不同的实际情况，还需要做出具有针对性的具体设计。

参考文献

[1] 老年人居住建筑设计标准（GB/T 50340—2003）[S], 2003.

[2] 城市居住区规划设计规范（GB50183—93）2002 修订版[S], 2002.

[3] 养老设施建筑设计标准（DGJ08—82—2000）[S], 2000.

[4] 周燕珉. 老年住宅[M]. 中国建筑工业出版社, 2011.

[5] 高宝真. 老龄社会住宅设计[M]. 中国建筑工业出版社, 2006.

[6] [日]财团法人高龄者住宅财团. 老年住宅设计手册[M]. 中国建筑工业出版社, 2011.

[7] 赵晓征. 养老设施及老年居住建筑：国内外老年居住建筑导论[M]. 中国建筑工业出版社, 2010.

作者简介

顾宗培，中国城市规划设计研究院，助理城市规划师；

魏 维，中国城市规划设计研究院，城市规划师；

何凌华，中国城市规划设计研究院，城市规划师。

社区室外环境的适老性设计初探
Preliminary Study on the Senior-suited Design of Neighborhood Outdoor Environment

何凌华 魏 维 顾宗培
He Linghua Wei Wei Gu Zongpei

[摘　要]　在我国社会老龄化日益严重的背景下，国家提出了90％的老年人居家养老、7％社区养老、3％机构养老的"9073"养老模式，这意味着90％的老人日常活动都将集中在社区环境中。在社区室外环境的设计中，如何体现适老性原则，如何为老年人创造一个安全舒适的养老环境对于城市居家养老具有现实而紧迫的意义。本文针对社区室外环境进行了分系统全覆盖的初步分析。

[关键词]　社区室外环境;. 适老性能；设计

[Abstract]　The aging society is becoming an increasingly serious problem in china. In this context, a model of 90% home-based support, 7% community-based support and 3% institution-based support for the aged is put forward by the government. This means that 90% of the elderly daily activities will focus on the neighborhood outdoor environment. In the design of the outdoorenvironment, how to embody theprinciple ofold fitnessfor the elderly, howtocreate a safe and comfortableliving environment which is urgent to home-based support. This research focuses on both the realities and plans for the neighborhood outdoor space of elderly using.

[Keywords]　Neighborhood Outdoor Environment; Senior-fit; Design

[文章编号]　2015-65-P-092

面对紧迫的养老形势，我国提出了90％的老年人居家养老、7％社区养老、3％机构养老的"9073"养老模式，即形成以居家养老为基础、社区服务为依托、机构养老为支撑的社会养老服务体系。在这样的养老格局中，社区环境作为老年人日常活动、休闲娱乐的主要场所显得尤为重要，本文主要探讨的是社区室外环境适老化的设计原则，旨为社区环境的进一步设计的配建提供指南。

一、社区室外环境的定义和内容

社区室外活动空间主要功能是满足人的休闲娱乐需要，其环境条件是影响社区内的老年人参与室外活动的直接因素，舒适、整洁、宁静、优美的环境令人心情舒畅、精神愉悦，可以吸引更多的老人加入到室外活动的行列中来。同时，好的室外空间环境设计可以延长老年人独立生活的能力，为失能失智老人提供一个心理治愈的环境。这对城市老年人生活质量的提高起着关键作用。关于社区室外环境（场地），在各种标准规范中均有涉及，主要涵盖场地、绿化、道路、配套设施等几大类。

本研究的目的和作用是以"居家养老"的国情为出发点，为社区室外环境的适老性配置提供依据，

因此，本报告的研究对象主要为一般社区的室外环境的适老性，即便于老年人使用的室外场地的配置技术，主要涵盖绿地、场地、道路、配套设施的适老性研究。

二、我国社区环境在适老性方面存在的主要问题

1. 指导社区环境建设的标准不清，缺乏对适老方面的指导

目前关于社区室外环境建设主要可参考国家标准《城市居住区规划设计规范（GB50180—93）》，关于老年人设施建设则可参照《城镇老年人设施规划规范（GB50437—2007）》，但这些规范政策对于社区室外环境的适老性建设都存在一些不适应性，涉及的内容不够完整，室外环境在适老性方面的建设缺乏相关标准的指导，无法形成一个系统、全面的适老环境，对社区室外环境完善适老性指导性不强。

2. 社区室外环境在适老性方面的考虑欠缺

从实际社区建设情况来看，多数社区室外环境远远不能达到适老性标准，其绿化、道路、场地都无法满足老年人出行和活动的需要，这在一定程度上降

低了老年人的生活品质，并对其健康与安全构成了一定的威胁。除去部分养老设施及养老地产之外，居住区规划设计鲜少顾及室外环境适老性，在我国城市老龄化问题愈发严重的今天，亟需建立新的设计理念与设计准则。

3. 社区室外环境缺少对失能、半失能老人的倾斜

目前社区的室外环境已逐渐考虑到老年人的需求，如在座椅的设置、单元出入口的无障碍设置已有了初步的尝试。但就整体的室外环境来看，多只考虑了健康老人的需求，对失能、半失能老人的需求考虑不足。问题主要体现在无障碍设施的时有时无，无障碍系统无法贯穿老年人的活动流线，轮椅的使用在社区环境中有一定困难；对老年人的心理关注不足，设施没有从老年人的心理需求上（安全、归属）真正满足老年人的要求。

三、社区养老环境的发展趋势

1. 重视社区层面的环境设施

在我国"9073"的养老国策中，社区在养老体系中扮演着重要的角色，是老年人活动、接受服务的重要载体。另外，老年人活动能力有限，步行范围的

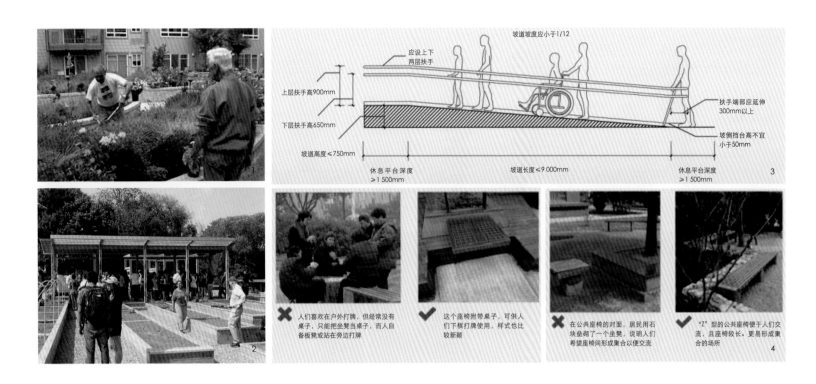

坡道坡度应小于1/12

应设上下两层扶手

上层扶手高900mm
下层扶手高650mm

扶手端部应延伸300mm以上

坡侧挡台高不宜小于50mm

坡道高度≤750mm

坡道长度≤9 000mm

休息平台深度≥1 500mm

休息平台深度≥1 500mm

人们喜欢在户外打牌，但经常没有桌子，只能把坐凳当桌子，而人自备板凳或站在旁边打牌

这个座椅附带桌子，可供人们下棋打牌使用，样式也比较新颖

在公共座椅的对面，居民用石块垒砌了一个坐凳，说明人们希望座椅间形成聚合以便交流

"Z"型的公共座椅便于人们交流，且座椅较长，更易形成聚合的场所

1-2.自种植区域在老年活动中的意义
3.坡面和平台的适老性设计尺寸建议
4.休憩设施的适老性设置

社区就成为老年人日常活动和接受各类服务的最方便、最频繁的所在。

2. 特殊护理老人对室外环境的需求日益增强

特殊护理老人对室外环境的需求日益增强。对于老年性痴呆的老年人来说，户外空间具有特殊的重要性——可让老人通过适当的户外环境设施来获得一定治疗效果，对身心大有裨益。如何满足这一部分特殊护理老人的需要，这对于室外环境的适老性设计提出了新的要求。

3. 养老户外环境开始趋于多样化和功能化

随着老年人的需求变化，针对老年人的室外环境开始趋于多样化和个性化。除了传统的庭院空间、散步空间等，开始出现提供一个具有适当挑战性的辅助环境，进而鼓励自立和老有所为，并提高吸引力。如斜坡步行道、多样的娱乐活动、参与苗圃种植、和亲人聚会见面等。

四、社区室外环境的适老性设计

1. 绿地环境的适老性

一般室外环境的绿地设计较强调绿化的观赏作用、遮阴及围栏作用。在老年人口日益增长的趋势下，绿地环境设计应将老年人的需求一并考虑。在满足绿地环境基本的观赏、遮阴、围合的功能上，增加绿地的适老功能，减少不当植物对老年人的危害，为老年人创造提供一个可观、可用、可参与的安全无害的绿化环境。同时，利用绿地环境为老年人创造一个积极向上的户外心理环境。

（1）增加绿地自身的功能性

绿地环境应尽量发展其绿化功能的实用功效，增强绿化区域的可进入性，提高绿化植被的实用功能（遮阴、果实、防护等功能），并提供一定区域的自种植区，丰富老年人户外生活。不仅做到绿化可观赏，同时也做到草坪可进入，绿荫可乘凉，区域可种植，果实可采摘。绿地应尽量发挥居民使用、参与及防护功能，使人获得满足感和充实感。

（2）重视树种植被的选择

在绿地的适老化问题中应重视阔叶乔木等遮阴植被的种植，为老人的活动创造充足的硬地场所。可采用浓密的乔、灌木和绿墙屏障加以隔离，提供一个不受干扰空间，给老人以安全的感觉。尽量多用花灌木和季相明显的色叶树，以及松、竹、梅等观赏价值高的树种。树种植物的选择应具有良好的辨识性，果实、花朵、香气都可成为增强老年人归属辨识的标识，防止老年人迷失。同时应注重绿地安全性的问题，避免不当植物的设置，避免采用多刺、飞絮、有毒性果实的植物，避免老人的过敏及误伤。当不适宜植被无法避免时，在植被上应有明显的标识提醒。

表1　适老性户外环境中的适宜植物与不适宜植物

功能类植被	遮阴类植被	观赏类植被	不适宜植被
药用植被（银杏）	高大落叶乔木	四季花朵类	飞絮类植物（杨、柳、木棉）
种植植被（蔬果）	亲近类普通乔木（龙爪槐）	果实类	多刺类植物
围合植被（灌木）	藤蔓类（紫藤、爬山虎）	芳香类（如金银花）	有毒果实

注：资料来源于作者自绘。

2. 道路环境的适老性

道路系统应简洁通畅，具有明确的方向感和可识别性，体现无障碍设计，并避免人车混行。

（1）街区式的规划布局

宜采取小街区、密路网、窄断面模式。在街区模式上，小街区、密路网、窄断面的模式在适老性上要优于传统大街区、稀路网、宽马路的模式。小街区模式使老年人能以更短的步行距离到达周边城市街道，使用公交、商店等城市服务设施。

（2）增强安全性的机动车路设计方法

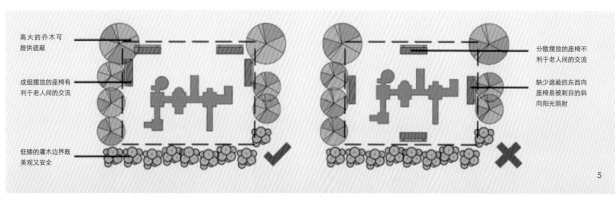

高大的乔木可
提供遮蔽

成组摆放的座椅有
利于老人间的交流

低矮的灌木边界既
美观又安全

分散摆放的座椅不
利于老人间的交流

缺少遮蔽的东西向
座椅易被刺目的斜
向阳光照射

5

小区总平面图置于小区出入口附
近的路务，便于行人观看

6

7

8

楼栋出入口设置了处于人视线 9
高度的单元标识，容易被看到

5.游戏区周围座椅的摆放方式
6-8.景观设施的适老性
9.标志标识的适老性设置

机动车道路设计应简洁流畅，方便救护车、消防车及轮椅通行。主要出入口宜设在城市次要道路上，交叉口设计应体现步行优先原则，连接社区的道路多于40m时，应设置安全岛，保证老年人能够顺利穿过车行道路。主要道路应有足够的夜间照明设施，并设有明显的交通标志。社区内的机动车路应限制车速，必要时应设置减速带等设施来保障社区老年人的出行安全。

（3）考虑老年人步行特征的步行路设计方法

步行路是老年人室外活动的重要通道。步行空间宜人车分流，调研显示人车混行在社区中是最影响安全的问题。当人车无法分流的时候可通过街道的线性、宽度、铺张、小品的设计处理来提高安全性。步行空间应容易辨别，导向性明显，增强环境的可识别性。同时，步行道也应提供完备的夜间照明和良好的排水系统。

无障碍设计是步行空间设计的重中之重。步行道经过车道以及不与同标高的步行道相连接时应设路缘坡道（具体内容见室外场地高差部分的处理）。步行道宽度需考虑轮椅使用者以及陪同者安全通行的要求。

（4）关注轮椅使用的停车场设置

对于机动车停车场来说，在与老年人活动相关的各建筑物附近应设供轮椅使用者专用的停车位，其宽度不应小于3.5m，并应与人行通道衔接。轮椅使用者使用的停车位应设置在靠停车场出入口最近的位置上，并应设置国际通用标志。

3. 场地环境的适老性

社区室外环境中所指的场地是社区居民经常出入、进行各种活动的节点，人群聚集的地方。场地是老年人交往活动的重要空间，一般以硬地为主的较大活动空间为主，主要包括宅间场地、社区公园广场、健身场地、单元室外出入口。室外适老性场地地形应平坦，坡度不应大于3%，自然环境良好，且要有无障碍设计。

（1）室外场地高差部分的处理

对于室外高差部位的适老性配置非常重要，这一环节对于无障碍系统的完整性至关重要。坡道与平台是过渡高差部位的重要空间。平台应设在坡道顶部和底部，坡道改变方向的地方，平台需要满足轮椅转圈，长度不能少于1 500mm。如果遇到坡度的变化，应设置宽50mm长同坡道宽度的彩色安全线。平台面层不能忽略找坡排水，防止积水。坡道的坡度不应超过1:20，且宽度应大于900mm，高度超

过75mm或长度大于9m应设平台，坡道两侧应连续扶手或护栏，扶手高度为900mm，设双层扶手，下层扶手高度为650mm，坡道起止点的扶手端部宜水平延伸300mm。道边缘设边缘保护面层，宜采用防滑、反光小、没有过密的拼组花纹，吸、渗水强的材质。

（2）室外场地的动静分区

老年人活动场地分为娱乐场地和休憩场地，布局宜动静分区。动态区域地面必须平坦防滑，外围提供绿荫和坐息处。静态区域可利用树荫、开敞空间、廊道、建筑外缘平台形成坐息空间，两区保持适当距离避免相互干扰。同时，在社区室外环境中多设置小规模空间，增强老年人活动的随意性。

不论动态还是静态的区域，老年人活动场地都应该选择在向阳避风处，活动场地应有1/2的活动面积在标准的日照阴影线以外，并应配置适合老年人活动的设施。临水的活动场地应设护栏、扶手。集中的活动场地附近应设便于老年人使用的公共卫生间。儿童游戏场地应考虑老年人的安全性及坐息空间。

（3）场地铺地材质的选择

场地的铺地应坚实、牢固、防滑、防摔。铺地应避免使用阳光照射下产生反光的材质，采用吸、渗

强的材质。同时为了老年人的步行安全，避免使用凸凹及过密的拼组花纹。在特殊区域应采用色彩鲜明的铺装来突出视觉感受。

4. 室外配套设施的适老性

室外公用配套设施包括标识系统设施、照明系统设施、休憩系统设施、娱乐设施以及景观设施系统等，适老性的总体原则要求为关注老年人身体和心智的使用习惯，完善无障碍系统，同时考虑轮椅使用者的使用习惯及高度问题。具体各设施适老性配置如下：

（1）休憩设施

休憩设施是老龄化大背景下的重要设施，在适老性的环境下应该布置较多的休憩设施（座椅的提供可以是花池、树池等复合化的设施），提供老年人随时休息的场所。在公共活动场所周边、儿童娱乐活动场所周边、散步道、单元入口附近都应该配备一定数量的休憩座椅，座椅的设置位置应与提供遮阴的高大乔木相结合。座椅在布局时应尽量位于人们的视线范围内，同时座椅的材质选择应适合当地的气候条件（如北方寒带城市应避免金属材质的座椅）。座椅应设置扶手、靠背，坐面高度为420～450mm，扶手高度为180～220mm，座椅周边应留出轮椅的空间。

座椅的设置布局应满足老年人的交往习惯，座椅朝向人群活动多的公共空间，成组摆放的座椅更有利于老年人的交流。设置一些可移动的座椅、树池，给老人提供更多样的选择。特别需要注意的是，中国老年人多有帮年轻人带小孩的传统，所以在儿童游憩区域配置数量足够且利于交流的休憩设施是非常重要的；在休憩设施设置的同时也应注意与植被的组合，提供给老年人遮阴、安全的看护环境。

（2）标识标志

社区室外环境中的标识牌需整体考虑，多层次设置，使人们从不同距离和角度可以观察到。对老年人来说，需要在道路的交叉口或主要的地方连续设置诱导标志。对身体残疾者不能通过的路，一定要有预先告知标志。针对视觉障碍者，在进入另一个区域或方向时需设置点状提示标志，或用不同材质予以区分，起到提示作用。

标识牌设置在人们容易看见和人流经过的明显处，避免建筑遮挡或绿化遮挡，避免在阴影地区或者反光区安装标识牌。标识牌的材质应改用漫发射材质，从视角角度便于识别。标识牌可考虑增设声音、触觉感应的辅助，满足适老要求。

（3）景观设施

景观设施包括花坛、树池、水景、雕塑等。景观设施应提供老人与之互动的可能性，提供更加亲水亲自然的环境。

花坛与树池应尽量保持自身休憩的功能。在老年人聚集的区域，可提供一定量的可移动的树池花池，在丰富环境的同时，提供休息空间。水池喷泉应考虑到老年人的观赏需求，留足观赏空间以及轮椅空间。近人区域的喷泉应低缓。旱地喷泉地面宜用标识划定其周边，地面材料要求遇水不滑，喷泉前宜有音响或灯光提示，水柱由低到高缓慢增大。雕塑应选择积极向上的主题，摆放位置应显眼易达，具有明晰的可辨识度，可以作为归属标志物。鼓励雕塑结合公共设施设置，增强趣味性。

（4）照明设施

照明设施是夜间室外活动的重要保障。步行道周边的照明设施宜选带有灯罩的照明设施，避免直射路人的视线或照射到住宅上，影响夜间居民的休息。重点区域的照明，突出重要的地物。户外活动区域附近的社会照明，应避免浓重阴影。同时应使用光线向下的照明设施，避免眩光。照明照度不低于100lx。在一些重要的公共活动空间以及特别需要照明的区域，应有备用照明。

五、结语

本次社区室外环境适老性配置研究是基于我国"9073"养老格局，完善社区室外环境，以提室外高环境的适老性为目的，旨为居家养老、社区养老提供一个安全便捷舒适的室外空间。另外，我国各地的情况千差万别，新建小区和已建社区并存，一些80年代单位分配的老旧小区往往是老年人聚居的核心地带，环境的适老化问题亟待解决。本次配置研究尽量规范的是普适性的内容，对于老旧小区的改造尽管无法完全做到适老性的环境转变，也应尽量靠近此配置标准，应在老旧小区的改造中提供扶手、无障碍坡道等基本适老设施。最后，适老性的室外环境设计在普通居住社区中一直以来相对被忽视，适老性的配置标准还需要在实践中不断修正，以期为老年人提供一个更好的居家养老的室外活动的环境。

注释

[1] 本文根据民政部"国家社会养老综合信息服务平台建设研究及应用示范工程"之子课题"社区养老设施及场地规划技术研究/2012BAK18B03-01"整理。

参考文献

[1] 老年人居住建筑设计标准（GB/T 50340—2003）[S]，2003.

[2] 社区老年人日间照料建设标准（建标143—2010）[Z]，2011.

[3] 城镇老年人设施规划规范（GB50437—2007）[S]，2007.

[4] 城市居住区规划设计规范（GB50183—93）2002修订版[S]，2002.

[5] 养老设施建筑设计标准（DGJ08—82—2000）[S]，2000.

[6] 王芳. 老年公寓庭院绿化与设施设计研究[D]. 南京艺术学院，2009.

[7] 周博，陆伟，刘慧，等. 大连家庭式养老院居住空间的基本特征[J]. 建筑学报，2009（S1）.

[8] 石英. 独立式老年公寓室外空间环境研究[D]. 西安建筑科技大学，2.

[9] 王玮华. 城市住区老年设施研究[J]. 城市规划，2002（3）.

作者简介

何凌华，中国城市规划设计研究院，城市规划师；

魏维，中国城市规划设计研究院，城市规划师；

顾宗培，中国城市规划设计研究院，助理城市规划师。

养老社区支持系统（技术、智慧医疗）
Endowment Community Support System (Technology, Medical Wisdom)

拥抱信息新时代，迎接养老大未来
Embrace New Era of Information, to Meet Great Future Pension

王玥凡
Wang Yuefan

[摘　要]　面对着老龄化的社会，信息技术似乎依然是一个很好的武器，让我们可以在这个忙碌的社会可以更好地照顾好我们的老人，甚至是可以让我们把老龄危机转化为老龄红利的有效途径。

[关键词]　老年人口；信息技术；云平台

[Abstract]　Facing an aging society, information technology still seems to be a good weapon.We can take care of our elderly in this busy society and IT even allows us to put the aging crisis into an aging bonus effective way.

[Keywords]　Elderly Population; Information Technology; Cloud Platform

[文章编号]　2015-65-P-096

一、跑步进入老龄化社会

也许就在笔者最后成稿码下这篇文字的几个小时内，中国老龄人口又增加了不容小视的上万人。

21世纪是科技飞速发展的时代，一次次的科技革命把社会推向了不曾预想的高度。虽然伴随着环境的污染，医疗与科学的进步欣喜地让人类的寿命不断地延长。21世纪的中国也处在一个和平发展的年代，伴随着经济的光速发展，这个世界上人口最大的国家人口数量也在不断地膨胀着。而我们并不再为人口大国而欣喜，因为我们经济建设尚未达到世界发达水平的时候，我们正以火箭般的速度步入了老龄化社会，老龄人口的不断增加意味着人口红利正在快速减少。

截至2013年底，我国60岁以上老年人口数量已达2亿，并且依然在快速增长。目前国内养老床位严重不足，养老设施落后，国家也不断出台政策鼓励大力发展养老产业的市场化运作，解决养老服务问题，同时解决人口红利降低带来的一系列隐患。为满足社会需要，大量资本在不断进入养老服务业，兴建各类养老机构，但也面临着缺乏有效的风险预防措施，人工严重不足，服务手段落后，并缺乏有效的盈利模式等一系列问题。

二、移动互联网的信息革命

不过让我们再看看除了人口，似乎还有些东西增长得更快。

21世纪的今天，还是信息革命的时代。互联网、移动互联网、物联网、大数据、云计算，一个又一个科技名词的诞生正在改变着我们熟悉的世界、习惯的生活。随着手机等智能终端的普及，我们可以随时随地享受各种形式的信息交互，可以更便捷地工作，可以更方便享受各种服务。抄电表的工作人员不用再每家每户的敲门，我们买火车票也不用再带个小板凳去火车站排上一夜的队。这一切便是信息时代给我们带来的改变。我们甚至可以在回家前便打开家里的电饭煲，回家便已经煮好了饭等待我们疲劳了一天的身体，我们可以坐在家里与不同地方的同事协同办公，可以与远在大洋另一边的亲友面对面沟通，我们可以轻松地买到世界各地的商品，或者在你出差的时候依然可以为亲人送上楼下新鲜的外卖。

三、信息技术是解决养老问题的有效途径

信息技术带来的智能化改变着社会，让我们的生活发生了难以想象的变化，改造着各行各业的规则。面对着老龄化的社会，信息技术似乎依然是一个很好的武器，让我们可以在这个忙碌的社会却可以更好地照顾好我们的老人，甚至是可以让我们把老龄危机转化为老龄红利的有效途径。

美国心理学家马斯洛在《人的动机理论》一书中，首次提出了人类需求层次理论。基于人是有需要的动物和人的需要的层次性，马斯洛将人的需求层次从低到高分为五个层次：生理的需要、安全的需要、社交或情感的需要、尊重的需要和自我实现的需要。在大城市生活节奏加快，亲情关系的时空距离不断被拉开的背景下，生理安全的需求都难以满足，更难以实现社交、尊重和自我实现的高层次需求。好在信息技术的发展，可以拉近这样的时空距离，利用好信息

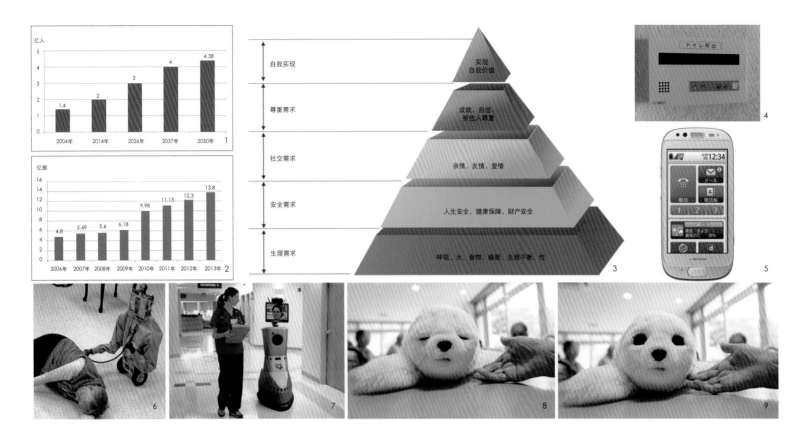

1.中国60岁以上老年人口趋势图　　　5.日本老人智能机
2.中国智能手机产量趋势图　　　　　6-7.机器人护士
3.马斯洛需求理论　　　　　　　　　8-9.机器海豹
4.呼叫器

技术，可以很好地满足老人的各层次需求，同时可以有效解决养老机构所面临的种种问题。

四、国外养老应用的实践

英国从2012年起，在社区医院和家庭普及使用机器人护士。这种机器人与网络连接，其头部安装有多台激光和热成像摄像机，在声音识别技术的辅助下，能够完成日常护理的功能。它的腹部安装有一个红外线感应器，可以随时监测老人的提问，所有监测结果会传送到负责该老人健康的社区医生手机上。机器人还能接受医生的指令，与老人互动式交流，向老人提供保健咨询、建议，并将老人的要求转告给社区医生。英国生命信托基金会计划构建一种全智能化老年公寓，将采用电脑技术、无线传输技术等手段，在地板和家电中植入电子芯片装置，使老人的日常生活处于远程监控状态。

在日本的智能化养老院中，摄像机的镜头覆盖了几乎每个角落，这十分有利于看护人员随时了解病人的情况。所有门上也都装有电子锁，只有口令正确才能进入。养老院里，每个老人都随身携带一个电子呼叫器，只要他们摁上面的按钮，就能呼叫看护中心的医护人员。养老院里每个房间都有储存着房客个人数据的电脑系统，浴室的天花板也装有感应器，如果老人在此病倒，感应器就会立即通知医护人员。阿兹海默症患者的床上还安装了重量监控器。这个监控器和电脑控制系统相连，如果病人突然下床，电脑系统会自动关闭房门，以防意外发生。而如果病人从床上跌落，电脑系统则会通知医护人员前来抢救，并为他们打开房门。还有公司研制出了用来陪伴单身老人的机器宠物，可以进行简单的对话、录音并和老人玩游戏。

五、信息化养老在国内的探索

可以看出，信息化是养老服务的重要思路之一，国务院35号文也强调发展网络信息服务。地方政府要支持企业和机构运用互联网、物联网等技术手段创新养老服务模式，发展老年电子商务，建设网络服务平台，提供紧急呼叫、家政预约、健康咨询、物品代购、服务缴费等适合老年人的服务项目。

作为多年来国内移动互联网行业的领导企业，晨讯科技也积极探索信息技术在养老产业中的应用，率先做出实践，利用移动互联网和物联网的技术手段，通过与养老机构、社区、政府、医疗机构的合作，建立起为老云大数据平台。

1.健康的为老云

人老了以后，随着身体机能的下降，最关心的问题莫过于健康。而为老云平台通过了线下的医疗检测传感器，检测老人日常的体征数据，通过智能手机上传至后台，通过大数据管理，对老人的身体健康情况进行长期分析，建立老人健康档案，定期给出老人的健康报告。通过智能手机，还可以给老人推送健康常识、服药提醒、生日提醒等信息。对于慢性病的老人，平台还可以结合对日常数据的分析，给出合理的生活建议和用药指导。当检测到老人的身体状况发生异常时，平台会第一时间报告给其监护人。家属也可以在远程随时查看老人的健康报告，不在身边也可以了解老人的身体情况，及时给予关怀。当老人就医

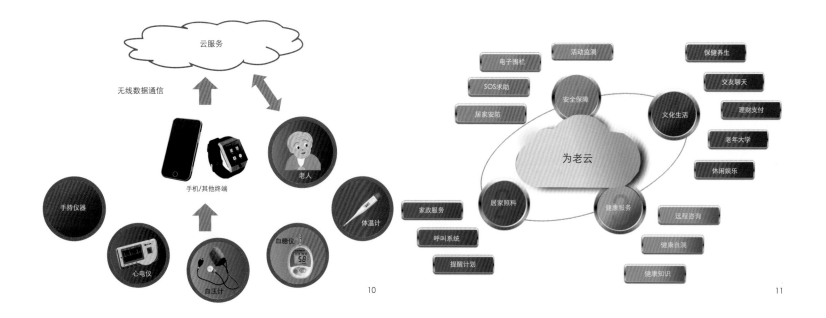

10

11

10.终端设备信息的云储存
11.晨讯科技为老云平台

时，医生可以查看老人的历史数据，对老人的健康作出更准确的诊断。同时，护理型的机构利用对老人长期观测的数据，可以体现出老人在进入养老院前后身体健康得到的改善，提升机构的效益。

2. 安全的为老云

老人的家属长期不在老人身边，不能随时照顾老人，最担心的就是老人的安全问题。住在机构中的老人，机构首先需要保障的也是老人的安全。晨讯为老云为机构和居家老人都提供了信息化的安全保障。在机构中，通过建设视频监控系统、无线定位系统、紧急呼叫系统打造三位一体的安防联动平台。老人在任何地方按下紧急呼叫按钮，服务人员可以在电脑或手机上立即收到老人的位置并调出老人所处位置的视频信息，第一时间查看并前去救助。定位系统可以方便地查看老人的活动轨迹，并对老人在异常地带活动发出报警。监控系统可以通过智能的图像分析技术，识别老人的反常行为。同时，通过老人居室内的传感器，可以监测老人包括在睡眠时的身体状态，随时了解老人的异常。在养老护理人员普遍缺乏的情况下，通过信息技术的有效看护，大大减少了护理人员的工作强度，更全面地看护老人的同时为机构也减轻了负担。而居家养老的老人，可以通过智能手机中的GPS进行定位。老人感觉不适时可以按下手机上的紧急按钮，家属或社区中心便会收到老人的位置信息，及时赶往救助。独居老人家中也可以安装传感器，当老人发生异常时及时把信号传送到社区中心。

3. 快乐的为老云

目前，对于健康和安全的需求养老机构已经提供了很多的服务，而目前最缺乏的也是老人最需要的便是精神层面的服务。传统的方式很难解决时空隔离的问题，而信息技术恰好可以拉近老人与家属、与社会的距离，为老人提供精神层面的满足。晨讯为老云平台利用移动互联网，让家属可以通过智能手机对老人进行视频探视，老人可以通过自己的智能手机或者养老机构中的电视，与家属实现"见面"。晨讯还在部分机构设置了适合老人的体感互动游戏设备，即使身体活动能力下降，老年人依然可以在游戏中锻炼身体，体会乐趣。通过平台用户的不断增多，可以按老人的兴趣进行分类，帮助老人找到共同兴趣爱好的老人，一起交流、娱乐、旅游。平台还整合了老年大学等资源，为老人提供一系列的晚年精神生活的服务。针对有余力的老人，可以利用他多年工作的经验，通过网络帮助需要帮助的人，或者给别人传授经验，继续为社会做出自己的贡献。通过信息技术，哪怕是在偏僻的养老机构，老人不会感觉到因与家属、社会的时空隔离而产生孤独感，并且可以把养老这一社会问题转化为有效的社会资源。

去年，晨讯科技把技术提供给了民政部领导的"中益老龄事业中心"使用，并在2013年10月25日国务院老龄办举办的"健康老龄化国际研讨会"上向领导、国内外专家做展示，获得一致好评。

中国在经济基础不足的情况下提前进入老龄化社会，养老服务业及配套设施严重匮乏，智能化的信息技术可以在人力不足、资源有限的情况下为老人提供更好的服务。在社交平台、电子商务等领域，我们已经利用智能手机利用移动互联网取得了瞩目的成绩。但是对于老人这个群体，由于生理性能的退化，对新事物接受能力低，部分感官反应减弱，很多适用年轻人的产品不可以直接移植。不过，只要对老人的特性做更深入地分析，找到最适合老年人需求的应用，我们一定可以利用智能化的技术使老人过上幸福的晚年。相信，通过想老人所想的为老云平台，可以为老人撑起头顶的天空。

作者简介

王玥凡，项目管理师，曾任上海联通工程师，上海宽带技术与应用工程研究中心工程师，现任晨讯科技集团希姆通信息技术（上海）有限公司产品经理，市场经理。

移动医疗在养老中的作用浅析
——以个人健康管理系统为例

Analysis of the Role of Mobile Medical in Providing for the Aged
—Introduction of Personal Health Management System

刘 毅
Liu Yi

[摘　要]　随着老龄化时代的带来，老年人对医疗服务，尤其是社区医疗、家庭医疗的需求越来越大。伴随着智能手机和便携式医疗仪器的发展，移动医疗正逐步发展。由设备端、应用软件端和健康云端构成的个人健康管理系统成为未来医疗行业发展的趋势。

[关键词]　移动医疗；养老产业；健康管理系统

[Abstract]　With the aging time, the demand of medical service for the elderly, especially community health care and family health care, is increasing. With the development of smartphone and portable medical instrument, mobile medical is growing. Personal health management system composed of customer-provided equipment, application and health cloud is the trend of medical industry development in the future.

[Keywords]　Mobile Medical; Retirement Industry; Health Management System

[文章编号]　2015-65-P-099

一、我国养老医疗状况概述

1. 养老医疗现状

根据我国规定，60岁以上的居民属于老年人。我国第六次人口普查数据显示，全国60岁以上人口达1.78亿，占总人口的13%，在城市老旧社区老年人口的比例高达20%～30%。老年人由于生理功能、心理状况及生活自理能力等方面不同程度的下降，其健康水平普遍低于其他人群，因此对医疗服务的需求高于其他人群。同时，老年人所患疾病以慢性病居多，治疗周期长，反复性强，需要接受长期医疗护理和康复服务。

目前我国多省份的养老服务体系基本上是以"居家养老为基础，社区照料为依托，机构养老为补充"的格局，农村养老保障制度建设的步伐更为缓慢；城镇无养老退休金、无固定收入老年人的养老保障工作才刚刚起步。

2. 养老医疗存在的问题

（1）医疗人员少，难以满足需求

由于医疗服务专业性较强，需要专业人员来提供，而目前社区居家养老中医疗服务主要由医生和护士承担，人员数量较少；服务对象之间的距离不定造成专业人员消耗在服务以外的路上时间较多，人力浪费很多。从医院的角度讲，为社区老年人提供医疗服务需要在医院的软硬件及人力上有较大投入，但所获的收入与成本支出不成正比，经济效益明显低于社会效益，因此许多公立医院的医务人员很少从事这项工作。

（2）养老机构少，居家养老仍占据主体地位

随着人口老龄化的到来，老年人口数量逐年上升，与之相配套的养老机构在全国范围内却呈现出机构数量少，硬件设施参差不齐，服务项目单一，老人得不到更贴心服务的局面。此外，由于我国医疗保险、养老保险尚未覆盖所有人，"看病难、看病贵"的现象仍然非常普遍。因此居家养老和社区照料方式所起的作用，在养老过程中就更为重要了。

中国城市化发展与人口老龄化凸显养老医疗保障的问题，是国家关系民生、维护社会稳定、保障家庭幸福的的头等大事。除了制度保障外，医疗手段的加强也是解决这一问题的关键因素。

二、新型的医疗形式——移动医疗

1. 移动医疗的简介

无论何种养老模式，对医疗需求都是刚性的，移动医疗、便携式仪器、及时性诊断都是医疗在养老领域的共性需求。近十几年来，各大医疗机构都在尝试建立某种模式能够实现以上功能。而随着移动互联网的发展，以智能手机为代表的移动互联终端的快速普及，使得许多行业都面临着巨大改变，个人健康管理行业也不例外。通过新型监测设备与移动互联网终端相联，可以增强产品功能和互动性，大大提升用户体验，各种数据通过特有应用程序及时存储、分享、分析，更为直观、准确了解用户自身状况，最终形成健康云端，可以为用户提供更多帮助。

2. 移动医疗的优势

养老医疗需求的发展趋势是希望医疗器械是便携、可家用测量并且实时监测的，对监测结果要及时记录。医疗需求的变化对医疗器械提出了新要求，顺应要求就能获得发展。移动互联网的发展，为医疗方式转变提供了前所未有的机遇。借助智能手机和便携式设备的发展，移动医疗成为了可能。在仍以居家养老为主体的阶段里，移动医疗使得老年人在家里对身体基本指标进行测量成为了可能，方便老年人的同时也节约了大量的医护人员的精力。在数据传输给医生后需要进一步进行诊断时，老年人才需要向社区医务人员或者到医院寻求进一步的治疗。

三、"个人健康云服务系统"简介

1. "个人健康云服务系统"的构成

移动医疗与医院等其他平台的结合可形成一个健康云服务系统，该套系统由基础设备端、应用软件

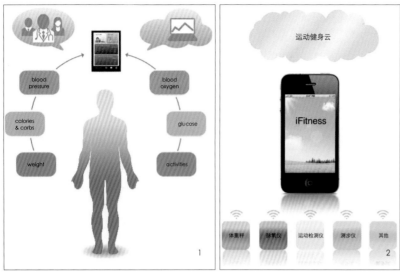

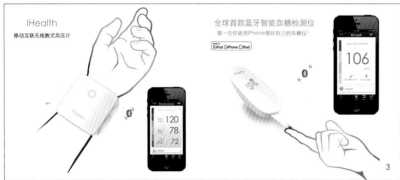

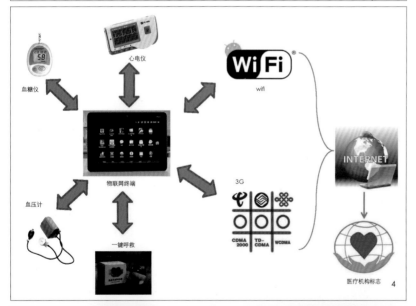

端和健康云端构成。

基础设备端主要包括个人血压、血糖、血氧、心电、运动特质、体重、体脂、视频监护、呼吸、体温等等能与智能手机相连的新型监测仪器。应用软件端（App）是在智能手机上与设备端相配套的的各种应用程序。健康云端则是将用户的所有数据收集，通过对"云存储"和"云计算"，对其进行后台处理和分析，可以及时向医生提供用户的各项生理指标。

这样由设备端、应用软件端、健康云端三部分形成医疗健康领域的新的生态系统，即"个人健康云服务系统"，它是一个全新的健康管理平台。对于"个人健康云服务系统"的打造，将彻底改变目前我国老年人健康管理的现状，具有重大的社会意义和经济意义。

2. "个人健康云服务系统"现状

目前，国外的一些机构和公司已经率先进入移动互联网时代的健康领域，争取到了大量的消费者。2009年Rockefeller基金、联合国基金和沃达丰基金在MWC（Mobile World Congress）上宣布成立移动医疗联盟，日本的移动医疗的应用开发也得到当地各方面的支持。他们在产品、应用研发和开拓市场等方面，都走在了我国前面。然而该领域的各个公司均处在起步阶段，目前多数应用程序，还只是停留在个人数据记录分析的"单机版"，没有真正形成大量数据汇集的"云端"，这些都是国内医疗器械企业可以突破的方向。

我国现在便携式的测量产品上已经有一定的成果，已有血压、血糖、体重、血氧、心电、运动等方面产品，可满足用户在家里进行身体基本检测的需求。有网站已建设云服务平台，在平台上可进行测量数据的储存、分析以及健康的状况咨询。IBM、微软等公司也在华开发健康管理平台、云平台，拟实现健康服务对象与健康服务中心、与医疗专家之间异地"面对面"的健康卫生服务。

3. 传统与新型的医疗模式比较

在传统医疗模式下，无论用户（患者）测量什么指标，必须亲自去医院，这期间产生的费用、消耗的时间和对医疗资源的占用都不言而喻。而有很多疾病只有发病的时候监测到数据才有意义，比如说心脏跳动的异常变化；有的疾病是需要长时间的监测，经过对历史数据的分析，医生才能做出有价值的判断。

老年人大多患有慢性病，即便"社区医疗"的模式，仍然需要投入大量的医护人员，和支付相对高额的成本，对于老年患者来说既不方便，成本又高，对于医生来说也难以做出正确的判断。

而"个人健康云服务系统"有着突出的特点，可以达到传统医疗模式达不到的水平。它不仅简单易用，费用较

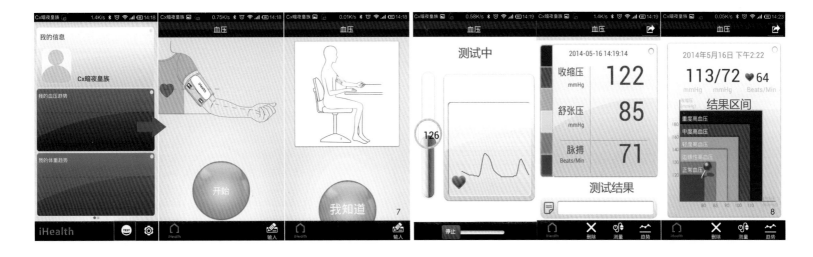

1.个人健康云服务系统
2.设备端、软件端、云端构成
3.移动检测示意图
4.移动医疗
5.移动互联无线式血压计
6.移动互联无线式血血糖仪
7-8.移动互联数据

低，而且可以实现以下功能。

（1）远程医疗：用户可以不用去医院就可以了解自身基本健康情况，并且可以把数据迅速发给医生和家人，医生可以远程对数据进行判断。

（2）实时监控：用户可以随时测量自己数据，设备端可以实时记录用户数据，作为了解自身健康状况的重要一手资料。

（3）科学管理：通过海量的存储数据和准确的医学标准，医生和用户可以更好地了解用户的身体情况，更为科学地用药和注意饮食等。更为重要的是，提高了诊疗效率，由于有长期的健康数据，一名医生在相同的时间内可以向更多的患者提供医疗建议，并且可以大大提高诊断的准确性

（4）即时互动：用户可以在线与医生取得联系，咨询相关问题；可以与病友之间交流，获得更多信息。

（5）医疗价值：由每名用户测量产生的巨大的健康数据库，可以为我国的医疗机构提供庞大完备的一手资料。这样慢性疾病和普通体检等简易测试，用户可以自己在家完成测量，得到他们需要的信息，而不用去医院面对面向医生咨询。而医疗机构可以通过大量的数据统计分析，对老年病，慢性病有更为准确的判断，抓住病理关键，对治疗效果有很大的帮助。

（6）商业价值：专业机构比如保险公司和医疗机构，可以通过长期观察老年人的健康状况，厘定出更准确的保费，甚至有可能设计出新的险种。移动医

疗、远程医疗为整个社会降低了医疗成本。

（7）将来"个人健康云服务系统"甚至可以作为个人健康的社交平台，分享治疗体会与治疗经历等。

四、"个人健康云服务系统"的发展前景

"健康云"平台的打造可形成健康医疗领域"生态系统"。这样一个"生态系统"的搭建需要医疗器械生产商、运营商、医院等不同机构的合作，才能为用户提供线上线下的多样服务。在此过程中需要国家对改造医疗系统、提升医疗系统功能进行巨大的投入。通过建设开放式的"生态系统"，可以为用户提供他们需要的一切健康服务：健康交流平台、健康知识传播平台、健康营养食品平台、运动器械平台、运动医药保健平台等等。在未来的发展中，只要用户量足够大，"生态系统"建造的足够开放，凡是用户的健康医疗需求，都能在健康医疗系统中得到满足，在真正解决广大老年人养老过程中"看病难，看病贵"的问题的同时也大大改变整个医疗健康行业。

表1　传统与新型医疗模式比较

	检测点	检测时间	数据量	互动性	分享性
传统	医院	单个时间点的状态检测	较少的检测数据	到医院才有沟通	可分享于他人，但无统一平台
新型	家里	实时检测记录	大量历史数据可供分析	在线与医生联系	检测的数据、治疗经历可分享至平台

参考文献

[1] 陈明，沈明，李会静，等. 居家养老医疗关爱服务模式浅析[J]. 现代医院，2010，10（011）：153－155.

[2] 徐嘉亿，李玉敏，赵晓玲，等. 社区居家养老医疗服务需求分析[J]. 现代医院，2011，11（2）：151－152.

[3] 林敏，乔自知. 移动医疗的需求与发展思考[J]. 移动通信，2010，34（6）：31－35.

[4] 陈华. 健康云：下一个蓝海[EB/OL]. http://www.cnii.com.cn/industry/2013-08/30/content_1213285. htm, 2013.8.30/2014.4.25.

作者简介

刘　毅，天津九安医疗电子股份有限公司，董事长。

老龄化视角下城市交通规划研究
——以漯河市为例

Research of Transit Planning for the Aging
—Case of Luohe

闫文晓 张海晔
Yan Wenxiao Zhang Haiye

[摘　要]　本文以老龄群体为研究对象，探寻面向该群体的交通规划方法与策略。通过梳理老龄群体理论研究，以积极老龄化为核心规划理念，促进老龄群体与城市生活相融合。依据漯河市居民出行数据分析，深入解析老龄群体出行的时空规律与偏好，进而确定老龄群体的交通需求特征。从分析可得，老龄群体对中短距离的生活型出行具有较强的偏好度。为提升老龄群体出行的机动性与可达性，本文分别从公交服务模式与公交站点规模等规划要素入手，探讨面向老龄群体的交通规划策略与方法。根据策略研究，生活型社区公交的服务模式及安全适度的公交站点形式对提升老龄群体的公交使用具有显著影响。

[关键词]　老龄化出行特征；公交规划

[Abstract]　Aged cohort is research focus of this essay which is to find the transportation planning method and strategy for this cohort. Based on theories of aged cohorts, the planning vision of acting aging is used to help with the relation between society life and aged cohort. By analyzing travel survey data of the residents in the Luohe City, the space and time trip characteristics of the aged is revealed in order to find the actual need of travel demand of the cohort. It is revealed that the aged are relied on transit for living trips and their mobility is weakened. To upgrade the service level of the transit for the aged, several planning strategies isprovided such astransit service mode and transit station scales. As the strategies research shows, it is better to provide community bus with safe station for more aging people to use transit system.

[Keywords]　Aging Travel Characteristics; Transit Planning

[文章编号]　2015-65-P-102

一、引言

自21世纪，中国已进入老龄化社会，老龄群体的规模以每年3%的速度递增，至2020年，我国老年人比例将达到18%。如此庞大的老龄群体对社会结构与活动特性均会产生深远的影响，因此老龄化问题也成为当代城市规划研究的核心问题之一。有关老龄群体的规划探讨涉及城市公共设施配置的各个领域，交通体系作为老年人生活必需的方式之一，无疑成为老龄群体规划研究的重点。面向老龄群体的交通规划从规划理念入手，探索适合老龄群体的交通设施规划的规划方法。

二、规划背景

河南省漯河市位于中原地区，地形平坦，城区总面积为50km²（2010年），总人口为64万人，根据《2012年中国中小城市绿皮书》界定，漯河属于中等城市（50万～100万人口）。老龄人口占总人口比重为11%，约为7万人，按社会学、人口学的一般定义，老龄人口比重超过7%，就进入老龄化社会。现状漯河城区呈单中心布局，城市行政、商业及商务中心集聚于沙澧河两侧，城区东侧为工业开发区，西侧为大学科教基地。

三、规划理念

积极与健康老龄化作为当代社会发展的共识，逐渐影响着城市规划对老龄群体的关注程度，是本规划研究的理念。城市规划作为一种公共资源的配置手段，更加关注到老年人在社会中应享有的平等权利。即以公共交通为代表的城市公共物品应从均一的服务机制向满足群体需求转变，建立面向老龄群体需求的公交服务体系，从服务配置上给予老龄群体充足的使用便利，是推动以人为本城市服务形成的基础。建立以积极老龄化为目标的规划思想，其作用在于引导我们在研究老龄群体时关注如何使老年人更好地融入城市生活，消除老年人参与城市活动的公共服务障碍，更为充分地满足其内在需求，促使该群体获得更为积极健康的生活方式与体现。

四、老龄群体的出行特征——老年人出行需求

1. 出行方式

根据分析可知，漯河市老年人出行以步行为主要方式，其中，老年人步行方式的分担率为56%，而19～59岁人群步行的分担率为25%。另外，老年人驾驶小汽车的出行只占总出行比例的1%，而19～59岁人群驾驶小汽车的出行占总出行的16%，老年人驾驶小汽车出行远远低于成年群体驾驶小汽车的出行比例。值得注意的是，老年人对机动化方式使用频率最高的是公交车，占总比例的17%，与成年群体相比，使用公交车的比率并未随年龄的增长而减弱。

2. 出行目的

在各种出行目的中（除"回家"目的的出行），

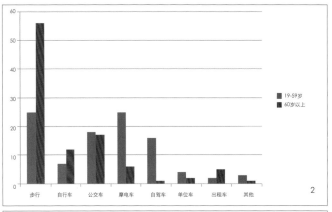

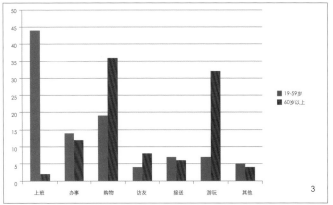

1.漯河市现状用地图
2.漯河市老龄群体与成年群体方式选择比较
3.漯河市老龄群体和成年群体出行目的比较

购物是老年人主要的出行目的，占总出行的36%，其次是包含休闲健身的游玩活动，占总出行的32%。另外，老年人看病一类办事出行的比例占总数的12%，老年人看病出行的比例远高于19～59岁人群看病的比例。而上班、上学在老年人出行中已经很少出现。从出行目的可看出，老年人的出行目的逐渐由生存性转向生活性，即由谋生有关的出行（如上班），转向以满足个人或家庭的基本生活需要的购物、休闲健康等出行。

3. 出行时刻

漯河市老年人出行的出发时间和成年群体具有明显的差异。为了避开城市交通拥挤时段，老年人的出行早高峰发生在9:00—10:00，而19～59岁的人群出行早高峰发生在7:00—8:00，老年人出行的早高峰比成年群体的早高峰推迟了2个小时。另外，老年人的晚高峰发生在下午16:00，但晚高峰不如成年群体明显，且高峰比成年群体提前了1个小时。老年人夜间出行的比率很小，几乎没有老年人在晚上9点以后

出行。

老年人出行高峰与城市交通高峰相分离，一方面因为老年人自身生活没有上、下班的要求。另一方面可以认为是老年人在长期的城市生活中有意识地"自我保护"造成的。为了自我保护，老年人尽量避免高峰时间出行，逐渐形成了老年人避开城市交通高峰出行的现象。

4. 出行距离

在漯河城区，老年人每次的出行的平均出行距离为2.4km，而19～59岁人群每次出行的平均出行距离为3.9km，老年人每次出行的平均出行距离远低于19～59岁人群。另外，从出行距离分析情况来看，老年的出行距离在2km以内占总出行次数的79%。可见，老年人活动的空间范围远远小于成年人群的活动范围。

从老龄群体出行目的、方式与强度可见，老年人由于体力与社会角色的变化，更为依赖于步行和公共交通等方式出行，其出行目的更多地倾向于休闲型

活动，而老年人出行的时间与空间强度较成年群体均有所减弱。从老年群体的活动模式分析，基于家的短距离生活性出行是老年人的主要活动方式，因此在中短距离范围内针对老年人的需求，提升公共交通的服务水平是改善老年人出行机动性与可达性的有效途径。

5. 出行时间

漯河市老年人每次的平均行程时间约为21分钟，19～59岁人群每次出行的平均出行时间约为33分钟，老年人每次出行的平均时间比成年群体少37%。另外，老年人出行时间在20分钟以内的出行占总出行的65%，而成年群体20分钟以内的出行占总出行的47%，说明老龄群体出行时间较短，半小时以内的出行占老年人出行活动的大部分。

6. 小结

根据对老龄群体出行特征的分析可知，老龄群体出行距离短，步行距离短。考虑到老龄群体出行

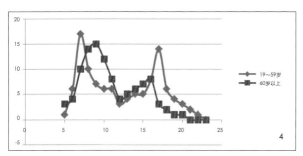

4

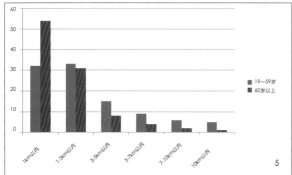

5

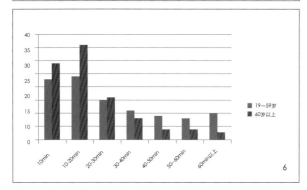

6

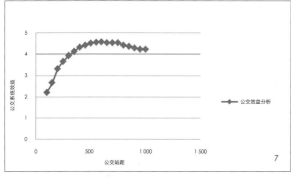

7

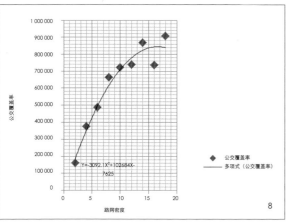

8

能力较成年群体有所减弱，通过DEAP模型测算可得，老龄群体适宜的公交站距为400m，该值与现行城市交通规划规范中所建议的500m站距相比较小，说明老年人更注重站点的可达性，由此也需要制订一系列的交通规划策略来解决老年人所面临的出行问题。

五、面向老龄群体的交通规划策略

根据老龄群体出行活动的特点，面向该群体的交通体系优化在于提升公共交通的服务水平，而公共交通服务水平的提高涉及构成公交体系的各种规划要素。对于交通规划的完善，首先体现在公交服务模式的优化调整，其次对公交站点规模的选择也是提高老龄群体使用公交的关键因素之一。以下拟从公交服务模式与站点规模两方面探讨面向老龄群体的交通规划方法与策略。

1. 公交服务模式

建立面向老龄群体的公交系统，根本在于确定适合老龄群体的公交服务模式。由于对公交服务质量的要求有别于其他社会群体，老龄群体的公交体系存在着与现有公交相兼容的问题。从公交运营的成本效益分析可知，一定的公交服务强度对应于特定的公交效益。在公交规划中，追求公交资源适度的投入与最大的产出是公共物品投资的关键。从本文研究角度而言，一定的公交站距同时决定着站点覆盖率的大小与公交出行时间的多少；而公交覆盖率的大小一定程度上代表了公交客流量的吸引能力（即收入），公交出行时间代表了出行的效率。因此，一定的站距所对应的公交覆盖率与出行时间的比率即为该站距下的公交投入产出规模效益，具体如以下公式：

公交站距效益=公交覆盖率/公交系统出行时间

由效益分析可得，公交站距的最佳效益区间在500～700m之间。当站距小于该区域，公交运营效益快速下降，这是由于公交站距过密而造成的系统投入成本与收益的失衡，而当公交站距大于700m，由于服务客流的减少导致公交系统整体效益逐步下降。

老龄公交与普通公交的服务目标差异体现在老年人偏重于可达性与舒适度上，而对时效性与经济性要求不显著，因此适合老龄群体的公交系统需求缩短站距以提升老年人乘坐公交的便捷性。现有城市公交的站距标准为500m，这意味着适合老龄群体的公交站距要低于这一间距，由此给公交运营的正常效益带来问题。

从公交使用需求来分析，公交体系往往被划分为通勤式公交与生活型公交两大门类。通勤式公交包括地铁、轻轨、快速公交等大运量高时效的交通，而生活型公交包括社区公交、服务班车、预约合乘等方式。相对于老龄群体的需求特征，生活型公交系统更加注重满足慢生活群体的使用要求，不过在实际运营中，这一类交通方式由于运营成本过高、系统可靠性不足等问题而受到阻碍。

经过老龄出行特征与公交体系的对比研究，笔者认为解决老年群体出行需求与城市通勤交通矛盾的方法在于建立一套模式可靠、经济合理、性能安全的老龄公交服务体系以指导公交设施的规划配置。对于老龄活动公交服务模式的更新，应首先以老龄群体活动目的为导向，实现门到门的站点覆盖，其次需要根据老龄活动的时间特点设

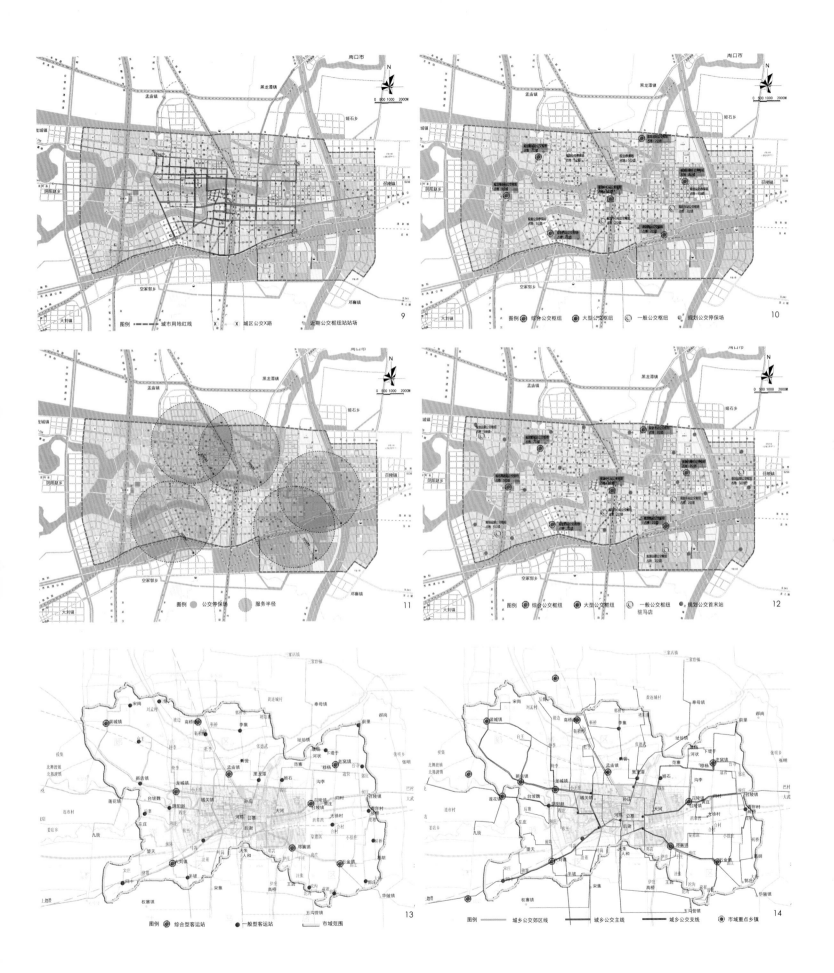

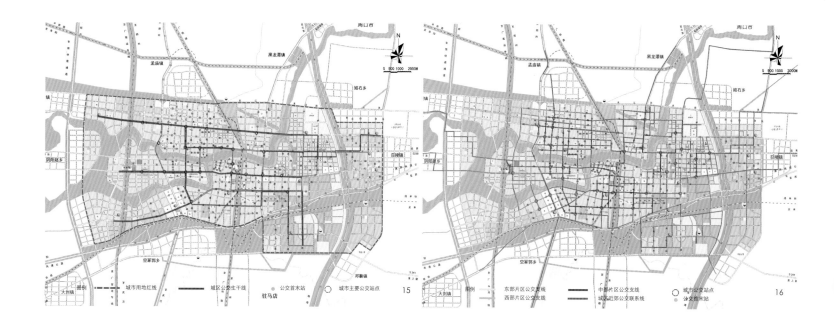

置合适的运营班次,并且提供安全舒适的车辆,并应由政府与社区服务部门共同经营,以保障老龄公交这一公共物品能在使用价值、运营成本上真正被市场所接受。

2. 相对路网密度

道路网络是公交通行的基础,公交服务的实现需要道路网络密度的支撑,从规划角度而言,道路网络密度与公共交通站点的服务水平有着密切的关系。在现实生活中,过于稀疏的城市道路不便于公交站点深入城市生活区,而过于密集的道路网络则不便于公共交通的正常通行。一定站距下的公交服务水平往往与特定道路网络密度相协调。而道路网络密度作为衡量道路网特性最重要的参数,能够客观地反映出区域的连通程度。因此,针对老龄公交的道路网络也必然需要合理的密度规划来适应公交规划的调整。

本研究从不同的路网配置密度条件下能够最大容纳的公交站点及其覆盖率来探讨公交站距与道路网络密度的关系。400m老龄公交站点间距条件下,道路网络密度与公交覆盖率呈二次多项式关系,随着道路网密度的增加,公交站点的覆盖程度得到了提升,而这一增效的过程随着道路网络密度过大而趋于饱和并有减小的趋势,这是由于道路网络间距过密造成公交站点无法有效布局造成的。

路网密度接近14时,其公交站点的覆盖率水平接近变化临界状态,大于14的路网密度将无法得到较好的公交服务水平回馈。因此可得,适合老龄群体公交的路网密度在14左右,其对应的路网间距为125m。从最佳路网密度数值可以看出,老龄公交线网的通行范围几乎涵盖了城市道路主干支各级网络,这对城市道路网络的断面通行能力是不小的考验。而200m以内的路网间距是城市支路网络的间距较小值,而125m的路网间距数值对城市用地单元的划分及城市路网间距都提出了较高的要求,即要求服务于老龄公交应辅以较密的路网来提高其可达性,至少应达到公交线路在城市支路网络级的覆盖。

3. 公交站点规模

提高老龄群体乘用公交的服务质量是完善老龄公交体系的有力保障。公交服务质量涵盖内容较广,具体而言,包括乘用公交安全可靠程度、便捷程度及舒适程度。公交站点规模这一规划控制目标,其大小决定了公交系统的车辆频率与可靠性,是从全局角度控制公交服务质量体系的关键性因素。合适的站点规模能够营造宜人的乘车环境和安全的运行机制,对公交站点规模的探讨也是决定老龄公交规划的核心问题之一。

当车站中有多个泊位,且各泊位连续设置的时候,容易出现旅客跑步赶乘的混乱场面。车辆在站内各泊位之间频繁起停,当队列中前面的车辆服务未结束时,后续车辆即使服务完成也只能等待。此时,车站能力的增长与泊位数量的增长并不成比例关系,也妨碍了老龄群体乘坐公交的安全性。一般而言,多个泊位连续设置时,随着泊位数量的增加,单一泊位的效率递减。

由漯河市公交车辆现状运营特点及调查所得的车辆通过数、上下车人数、绿信比等因素,即可计算出面向老龄群体的有效泊位最小需求。同时,规划老龄群体出行能力相适应的公交站点,引进了"有效泊位"的概念,即一个有效泊位的能力即为普通式公交中间站仅设一个泊位时的能力。根据相关研究,泊位连续设置时各泊位效率及总有效泊位数如表1所示。

表1　连续泊位的有效泊位对应表

停车位序数	普通式车站		港湾式车站	
	泊位效率	总有效泊位数	泊位效率	总有效泊位数
1	100%	1.00	100%	1.00
2	85%	1.85	85%	1.85
3	60%	2.45	75%	2.60
4	20%	2.65	65%	3.25
5	5%	2.70	50%	3.75

对于老龄群体而言,公交车站泊位效率的提高

与出行安全性密切相关，由表1可得，保持泊位效率较高水平的措施在于控制停车位数。对于普通式车站而言，2个泊位能够保证85％的效率，而港湾式车站设置3个泊位以下可控制使用效率在75％以上。根据不同区域的实际特点，建议老龄群体使用为主的公交站点，港湾式公交站的停车泊位控制在3个以下，而普通式公交车站应以2个车位以下为宜。

六、小结

在积极老龄化理念的指引下，公共服务设施的规划配置应注重老龄群体与整体社会的融合，以促进老年人保持积极的生活状态。根据对漯河市老年群体出行特征分析，该群体更依赖于步行与公共交通在中短距离范围内进行生活型活动。因此本文从公交服务模式与公交站点规模等方面提出适应老龄群体的交通规划策略，以提升老年人出行的可达性与机动性。规划研究表明，社区生活式的公交服务体系与适度的站点规模可有效提高老年人使用公交的便捷程度。通过本文的研究，有助于面向老龄群体的公交设施规划设计，并对老龄社区的开发模式有所借鉴。

参考文献

[1] 乔恩，戴维斯. 金色晚年：老龄问题面面观[M]. 程越等，译. 上海译文出版社，1992.

[2] 邬沧萍，姜向群. 老年学概论. 中国人民大学出版社，2006.

[3] 孙钦荣. 不同老龄观的老龄工作策略选择分析. 中国老年学杂志，2011，31（2）.

[4] 叶彭姚，陈小鸿. 基于交通效率的城市最佳路网密度研究. 中国公路学报，2008（21）.

[5] 潘海啸，杜雷. 城市机动性和无障碍环境建设. 同济大学出版社，2008.

[6] 石红文，罗良鑫，鲍同振. 公交中间站类型与规模的确定方法研究. 交通运输系统工程与信息，2007.

作者简介

闫文晓，上海市地籍事务中心，总师室，科员；

张海晔，上海市城市规划设计研究院，规划一所，规划师。

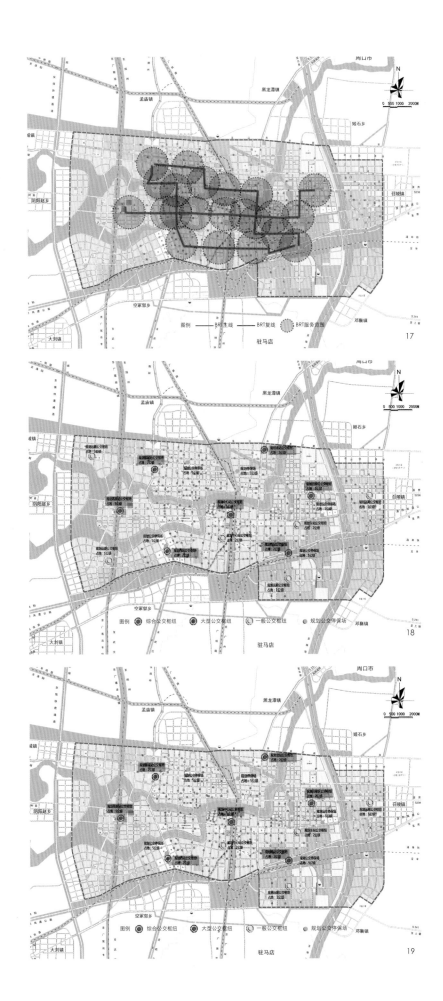

公办民营养老机构的运营模式分析
——以上海西郊协和颐养院为例

Analysis of the Operation Pattern of the Public-to-private Nursing Institutions
—A Case Study of Shanghai Xijiao Union Retirement Center

任 栋
Ren Dong

[摘　要]　本文主要介绍了上海著名的西郊协和颐养院，通过对其运营模式和服务模式的分析，进一步深入探讨公办民营养老机构的运营特色与社会效益，以期为我国机构养老发展提供借鉴。

[关键词]　公办民营；养老机构；运营模式

[Abstract]　This article mainly introduced the operation pattern and service of Shanghai Xijiao Union Retirement Center. Through discussing the operating characteristics and social benefits of Public-to-private Nursing Institutions, we hoped to provide experience for nursing institutions development in the future.

[Keywords]　Public-to-private; Nursing Institution; Operation Pattern

[文章编号]　2015-65-P-108

1-2.房间类型：标准间
3-4.房间类型：全护理房
5-6.房间类型：套房
7-8.房间类型：总统套房
9-12.外部周围环境

一、概况

随着人口老龄化程度的加剧，养老已经成为我国未来的最重要社会问题之一；而由于计划生育的影响与家庭结构的变化，机构养老显的愈发重要，已成为我国当前养老模式下不可或缺的组成部分。

根据民政部2013年发布的数据，全国各类养老服务机构42 475个，拥有床位493.7万张，平均每千人拥有床位数3.63张；其中上海养老床位数为11.1万张，平均每千人拥有床位数4.60张。作为全国养老产业发展的领军城市之一，上海的机构养老发展有其独到之处，尤其是近年来发展的公办民营养老模式，是新形势下减轻政府负担、缓解养老供求矛盾的有效手段。

本文通过对上海著名的公办民营养老机构代表——上海西郊协和颐养院的介绍、分析，探讨公办民营养老模式的特色，探究公办民营养老模式在养老发展中的实际意义。

二、背景

我国现有的养老机构运营模式主要包括公办公营、民办民营、公办民营和民办公助四种，其中前两种是传统的养老机构运营模式，后两种是随着社会经济的发展逐渐演变出来的新型养老机构运营模式。

公办公营：养老机构由政府或集体投资兴建，机构所有权和运营权统一归政府或集体所有。

民办民营：由私人投资兴办，机构所有权和运营权都归私人所有。

公办民营：政府出资建设养老机构，由非营利组织或个人经营机构，实行机构所有权和经营权分离的经营模式。

民办公助：社会力量投资建设与运营，但政府对机构运营给予多种形式的鼓励性或引导性资助。

1. 公办民营模式产生的背景

（1）社会观念变化引发的需求

随着人口老龄化程度加深、家庭养老功能弱化和养老观念的转变，越来越多的老年人倾向于选择机构养老。在我国传统的养老机构运营模式下，由公办养老机构和民办养老机构组成的机构养老服务体系存在着供给与需求错位的问题，难以满足老年人日益增长的机构养老服务需求。

（2）政府和市场的优势互补促发新的途径

传统公办公营养老机构具有先天的资源优势，可以很好地体现公益性，但如果经营不善容易造成运行效率低、资源浪费；而民办民营养老机构由于市场的作用，其服务具有更加灵活性和针对性的优势，但是由于投资高、利润低，资金回收困难，存在市场失灵的现象。因此单独依靠政府或市场已无法满足老年人巨大的机构养老需求，需要为养老机构的运营探寻新的道路和途径。在社会福利社会化的政策背景下，社会力量参与到养老机构的建设和运营当中，发展出了公办民营和民办公助的运营模式，结合政府和市场机制的优势，期望为机构养老服务领域注入新的活力。

2. 公办民营养老机构的运营特点

作为养老机构一种创新性的运营模式，公办民营的基本特征是养老机构所有权和经营权分离，政府不再直接提供服务，交由社会组织或个人进行机构运营和服务提供。其目的是为了提高养老资源的利用效率，提升养老机构服务质量，以满足老年人日益增长的机构养老服务需求。

在公办民营的运营模式中，政府和市场扮演着不同的角色。政府主导养老机构前期的投资开发，在后期的运营中还肩负着监管维护责任：一方面要对项目的经营范围、服务内容和服务质量进行监督，以保证良好的社会效益；另一方面承担着养老机构部分设施的维护保养。作为养老机构的实际运营者，经营者对养老机构拥有使用权、经营权、管理权等，为入住者提供物业管理、餐饮、医疗、保健、文体娱乐等其他服务。

三、上海西郊协和颐养院实例分析

1. 简介

上海市西郊协和颐养院位于长宁区协和路，占地面积为14 987m²，总建筑面积为33 405m²，是上海市为数不多的公办民营养老机构之一。颐养院核定床位数825张，其中包括500个全护理床位，112间单独居住和双人居住的独立生活单元，另有两室两厅和一室两厅的特殊房型，可满足不同老年人的养老需求。颐养院的建筑及装饰是带有历史怀旧感和现代气息的现代中式风格，传统和现代的结合既能够唤起老年人对历史的记忆，又能展示现代美好生活。

2. 特色

（1）所有权和经营权分离的公办民营模式

上海市西郊协和颐养院原名上海长宁区协和福利院，在2013年7月12日改名为西郊协和颐养院。福利院由政府投资建造，改名后交由逸仙养老集团负责运营。其所有权归政府所有，而管理和运作则由逸仙养老集团负责，形成了所有权和经营权相互分离的公办民营模式，此种模式既有利于减轻长宁区政府负担，又可以盘活原本经营欠佳的存量资源，同时养老院的服务由依赖政府转向市场，保证了服务质量和积极性，也带来了颐养院的入住率和老人满意度的提升。

（2）长宁区政府主导前期投资开发，并进行工程建设监管

政府投资进行工程建设和监管，长宁区国土、民政、卫生三部门联合监管工程建设，工程质量得到了强有力的保证。同时，政府提供相应的床位建设补贴等其他优惠政策，极其有效的提升了西郊协和颐养院的硬件设施水平。

（3）长宁区政府对其运营维护与监管

①运营方面

入住补贴：户籍为上海长宁区的老人，入住协和颐养院，长宁区政府给予入住补贴（在上海正常的养老福利之外的补贴，补贴直接汇入颐养院的老人账户）；

水电补贴：长宁区政府给予协和颐养院水电等收费的优惠等；

税收减免：协和颐养院无需缴纳营业税等。

②监管方面

长宁区民政部门每年对于颐养院的各种服务设施进行审核，尤其是床位数的核定，颐养院审核通过才可以继续领取运营补贴。

13-14.活动：2014圣诞　　　　　　20.活动：中医讲解保健知识
15.活动：八一建军节慰问演出　　　21-24.领导参观
16.活动：中秋老人员工一家亲　　　25-26.设施环境：医疗
17.活动：百岁老人留念　　　　　　27-32.设施环境：娱乐
18.活动：年轻人为老年人爱心服务　33.实景照片
19.活动：庆五一，虹纺文艺团慰问演出

（4）颐养院的连锁经营模式

西郊协和颐养院于2013年挂牌成立，为逸仙养老集团连锁经营管理。逸仙养老集团是一个拥有六家实体养老机构和一家老年护理医院的大型养老集团，总床位达到2 500多张，另有两家老年日托中心和两家社区食堂，为不同需求的老人提供专业化和个性化的养老服务。通过连锁经营，可以统一品牌、技术信息化、人员专业化，高标准地统一管理，提供成熟细致的服务。

（5）颐养院的完善设施与人性化的服务

设施齐全：颐养院秉承规范化、数字化的建设理念，高标准、严要求，配备一流的硬件设施和软件管理系统，为入院老人提供优质、高效、安全的服务。一般老人生活内容比较简单，经常留在家里看电视，或在小区附近进行简单的活动。而在西郊协和颐养院，老人不仅可以享受到完善的医疗服务，还可以到健身房进行锻炼，更能享受3D高尔夫球馆、网吧、影视厅、茶室等设施，使老年生活更加多姿多彩。

服务完善：西郊协和颐养院拥有一支由医生、护士、护工组成的专业队伍，可以对老人提供全天候的健康保障。同时颐养院以幸福养老为宗旨，通过"三位一体"（宾馆式管理、医院式护理、酒店式餐饮、轻体育公共娱乐活动）的管理理念，按照"六心"（孝心、爱心、耐心、热心、细心、舒心）服务的要求，提供不同类型的服务，从自理、协助护理，到全护理服务，包括老人的临终关怀，使来院老人可以安享晚年，与儿女一起尽孝。

（6）颐养院保持与入住老人的良好沟通，并组织多样活动

颐养院在运行过程中重视对老人意见的听取。每月的25日为院长接待日，院长会接待前来表达意见和建议的老人，让老人的诉求有沟通的渠道。院里还不定期举办老人大会，老人可以在大会上对颐养院的发展现状和未来的规划有所了解，并表达自己的诉求。

颐养院不定期举办讲座、运动会以及节假日活动等各类活动，如百岁老人留念、欢乐年夜饭、中医

讲座等；社会上也经常对颐养院进行慰问演出，如阿木林滑稽慰问演出、弘坊迎春慰问演出、新疆表演团探访表演等。多样的活动不仅丰富了老年人的生活，也更有益于老年人的身心健康。

3. 社会效益

（1）改善长宁区养老床位不足的情况

"十一五"以来，上海市提出并发展完善"9073"养老服务格局，即90%由家庭自我照顾，7%接受社区居家养老服务，3%入住养老机构。

上海统计年鉴显示长宁区2013年60岁及以上的户籍人口为16.52万人；以3%的老人入住养老机构来计算，应有4 956张床位。根据中国民政部2014年发布的数据，上海长宁区共有养老机构（养老院）36家，床位5 271张，其中社会办机构（非公办公营）34家，占比94%。

西郊协和颐养院的床位数占（长宁区床位数）比达到15.6%，为长宁区成为上海中心城区唯一达到

3%的城区做出了不容忽视的贡献。

　　（2）满足了上海市的高端养老需求

　　西郊协和颐养院是逸仙养老集团最新的项目，在项目开发之初做了较详细的市场调研，包括高端养老市场的需求量、目标人群，以及差异化经营策略的制定、床位数、服务价格等内容。在做好前期市场调研的基础上，有针对性的提供了从自理到协助护理、全护理、临终关怀护理的各个阶段的精致服务，较好的满足了上海市的高端养老需求。

四、结语

　　公办民营养老院在所有权上属于政府所有，而在经营权上又具有民营的市场性，比纯粹的公办公营型养老机构拥有更强的灵活性与自由度，更好的满足市场的需求；同时比纯粹的民办民营型养老机构更能兼顾公益性，因为政府投资建设降低了一定的投资成本，可以承担护理风险高、难度大的失能和半失能或疾病、残疾老人。可以预见的是，公办民营养老院将是新养老时代下机构养老的重要发展方向。

参考文献

[1] 桂世勋. 合理调整养老机构的功能结构[J]. 华东师范大学学报（哲学社会科学版），2001, 04: 97 – 101+127.

[2] 张增芳. 老龄化背景下机构养老的供需矛盾及发展思路：基于西安市的数据分析[J]. 西北大学学报（哲学社会科学版），2012, 05: 35 – 39.

[3] 孙树菡，葛英. 我国社会机构养老发展探讨[J]. 中华女子学院学报，2004, 04: 28 – 31.

[4] 福建省民政厅，福建师范大学联合课题组. 公办公营与公建民营养老机构模式研究：永安市老年公寓和社会福利中心运营状况调查[J]. 社会福利（理论版），2012 (01)：49 – 54.

[5] 杨团. 公办民营与民办公助：加速老年人服务机构建设的政策分析. 人文杂志[J]. 2011 (06)：124 – 135.

[6] 上海西郊协和颐养院官方网站http://www.shxjxh.com/.

[7] 民政部发布2013年社会服务发展统计公报http://www.mca.gov.cn/article/zwgk/mzyw/201406/20140600654488.shtml.

作者简介

任　栋，广东省城乡规划设计研究院，规划师。

他山之石
Voice from Abroad

阿兹海默症老人居住建筑的设计研究
Design and Research of Alzheimer's Elders Living Building

杨 喆 陈俊良
Yang Zhe Chen Junliang

[摘　要]　伴随老龄化进程的加速，阿兹海默症老人数量急剧增加。本文从护理及建设设计现状分析着手，对新型阿兹海默老人居住建筑设计做出了详细的阐述和解析。

[关键词]　阿兹海默症；建筑设计

[Abstract]　Due to the acceleration to an aging society, the number of Alzheimer patients increased dramatically. I analyzed the status of nursing and architecture design, and explained the plan and design of new residential architecture for Alzheimer old patients.

[Keywords]　Alzheimer; Architecture Design

[文章编号]　2015-65-C-112

一、阿兹海默症症状及护理类型

1. 阿兹海默症现状

阿兹海默症是老年期常见的由脑功能障碍而产生的获得性和持续性智能障碍综合症，会造成患者智能缺失和社会适应能力的降低。会出现记忆力障碍、定向力障碍、语言障碍、抽象思维障碍等症状。随着疾病的发展，阿兹海默症患者最终基本丧失日常生活能力。

随着我国人口的快速老龄化，阿兹海默症患者也在不断增加。相关研究表明，阿兹海默症患者约占我国老年人数的4%～5%。以2013年我国老人人口数量2.02亿计算，现阶段我们阿兹海默症患者已达808万～1 010万人。这些阿兹海默症老人成为家庭沉重的负担，许多家庭甚至濒临崩溃。有必要设计阿兹海默症老年住宅，尽量延缓老人的疾病恶化速度，减轻家庭的负担。

2. 阿兹海默症老人特征

（1）外貌改变

阿兹海默症患者外貌衰老，常显得老态龙钟，满头白发，齿落嘴瘪，角膜有老年环。瞳孔对光反应偶见迟钝。感觉器官功能减退，生理反射迟钝，躯体弯曲，行走不稳，步态蹒跚，体重减轻，肌肉废用性萎缩，不自主摇头，口齿含糊，口涎外溢，手指震颤及书写困难等。

（2）情感障碍

起初，情感可较幼稚，或呈童样欣快，情绪易激惹。表情呆板，情感迟钝，这些都是阿兹海默症的临床表现。

（3）行为改变

行为改变，是阿兹海默症的临床表现中最早表现出来的。其后可有无目的性劳动。例如翻箱倒柜、乱放东西、忙忙碌碌、不知所为；爱藏废物，视作珍宝，怕被盗窃；不注意个人卫生习惯，衣服脏了不洗，晨起不洗漱，有时出现悖理与妨碍公共秩序的行为，影响治安。也有动作日渐少，端坐一隅，呆若木鸡。晚期均是行动不便，卧床不起，两便失禁，生活全无处理能力，形似植物状态。据统计，60%一般在入院后6个月内死亡，80%在入院后18个月内死亡，死亡原因主要为继发性感染。

（4）智力衰退

智力衰退，常为衰老加速恶化，短期内出现思维迟缓、黏滞与僵化，自我中心更甚，情绪不易控制，注意力不集中，做事马虎。不出数载，便出现恶性型遗忘，由偶尔遗忘发展成经常遗忘，由遗忘近事而进展到远事，由遗忘事件的细节而涉及事件本身。即刻回忆严重受损，几小时甚至数分钟前发生的事都无法回忆，以致时间记忆幅度缩短。最终可严重到连其姓名、生日及家庭人口都完全遗忘，好像生活在童年时代一样，并常伴计算力减退。在记忆缺损的同时，又可出现定向障碍。如出门后不认识回家路线，上完厕所就找不到所睡的病床等。

3. 阿兹海默症护理类型

阿兹海默症护理类型主要分为一般护理、心理护理和康复护理三种形式。一般护理是为了满足患者的基本生活需求，包含生活护理、饮食及用药护理和安全护理；心理护理，加强医护人员和家属与患者的交流，缓解老人的焦虑恐惧情绪，用音乐振奋患者精神；康复护理，患者会有不同程度的肢体活动和语言功能障碍，要针对性的进行肢体功能锻炼和语言功能训练，延缓老人病情的恶化。

1.各排建筑之间通过走廊连通，形成回游路线
2.宽敞、有花草的阳台
3.开敞式厨房，老人与护理人员可一起做饭
4.室内照片
5.记忆箱展示
6.老人照护专区入口

根据阿兹海默症患者的症状和所需要的护理，可以总结出他们对居住环境的要求：理想的居住场所就是自己的家。患者有空间认知障碍，新地方会增加老人的焦虑，加重病情；随着老人病情的加重必须离开住宅时，尽量在老人熟悉的环境里设置相应的护理设施，方便家人对老人进行照顾、交流。根据患者的这些需求确立空间的设计原则。

二、阿兹海默症患者居住环境规划原则

根据阿兹海默症患者对生活环境的需求，在进行建筑规划时应遵循以下原则。

1. 选址宜选在市区内

由于患者不方便经常外出，选址在市内可以方便家人随时探望，使老人在这里居住时也不会脱离社会生活，促进老人与外界的交流，积极参与生活。

2. 交通动线应尽量简便

阿兹海默症患者往往无法判断路线，规划宜设置回游动线，如图1所示，不需要老人选择路口和方向，以免迷路。

3. 老人用房应易于辨识

建议各个居室的入口配备一些容易区别、样式不同的装饰物品（小盆栽、卡通画之类）；不宜采用沿走廊一字形排列的宾馆式布局，会使老人难以辨认自己的房间。不同的老人活动用房宜用醒目的颜色或标识作区分和提示。

4. 空间配置要引导老人参与生活

护理院内可适当设计开敞式厨房，室外可以设计种植庭院等空间，鼓励老人参与一些简单的家事（做饭、浇花之类），以延缓老人行动能力的退化。

三、阿兹海默症患者居住环境细节设计要求

1. 房间入口处设计要求

在每个房间的入口处，房间门的色彩要进行强调，和墙壁的色彩要区分开来。可以再入口处设置记忆墙，把老人年轻时候的照片或者是有代表性的纪念品贴在那里。此举既可以让老人据此认清自己的门，也可以用这种形式唤起老人内心的一些回忆和思考。入口处不宜放置小的地毯，应该采用防滑的硬质地板，防止摔倒。

2. 厨房的设计要求

为保障老人的安全，防止其滑倒，厨房不宜铺设地毯和其他的垫子。安装对儿童安全的存储柜，把家中的剪刀、小电器、瓷器等危险的、易碎的东西锁好。为了防止老人误食东西，厨房中的小东西、药物都应该锁好。厨房里保留一盏夜灯。

3. 卧室的设计要求

床尽量靠墙放置，或把床垫放在地上，防止老人从床上跌落。设立紧急呼叫装置，保留夜灯。对于便携式加热器、电风扇等电器谨慎使用，要确保老人够不着扇片。尽量少使用电热毯、加热垫等取暖设备，防止老人被烧伤。在居室布置方面，应允许阿兹海默症老人将自己家里的东西搬到护理院的居室中，这样老人可以将居室布置得像家一样，有亲切感。

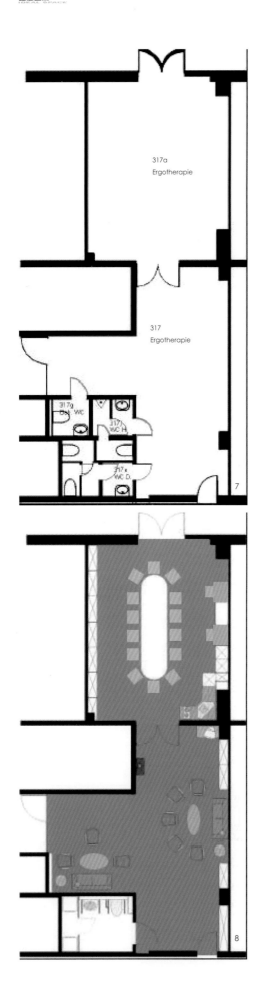

4. 卫生间的设计要求

卫生间要安装高比色的扶手，使用耐洗的浴室地毯，防止老人滑倒在潮湿的瓷砖地板上，最大程度保障老人的安全。移除卫生间的门锁防止老人被锁在里面。浴缸里使用用于儿童的泡沫水龙头，防止老人摔倒时受到严重伤害。浴室中不安装小电器和插座。

洗手池的高低设置要考虑到轮椅老人的需求，洗手池下方应留有一定的空间，方便轮椅进入。在洗手池的位置上，因为老人和护理者经常要用到洗手池，如果洗手池仅设置在卫生间，在居室内用水就很不方便。因此在房间里也需要设置洗手池，方便老人洗手、洗脸、刷牙，提供护理效率。

5. 建筑入口设计要求

设施的入口应该特别亲切，让老人在设施里生活就像还在原来的家里，或者跟原来生活比较接近。风格宜接近酒店或住宅，医院风格的入口容易让老人产生恐惧、焦虑的情绪。

6. 开敞空间设计要求

公共空间的四通八达可以提高管理的效率。养老院中的开敞空间，一边是门厅，一边是护理人员的办公区。工作人员在开敞的空间中集中办公，老人或家属与工作人员的交流畅通。接待台分为高低两种形式，低柜台便于轮椅老人与工作人员的交谈。接待台一侧的商品架上出售一些老人日常生活用品、食品、饮料，方便老人经过时购买。护理人员可以随时观察到门厅活动的老人的情况，在照顾老人的同时尽量减少了护理人员的数量。在护理劳动力比较缺乏的今天，需要用空间的设计达到高效的管理，节约服务人员的同时降低运营成本。

7. 户外空间设计要求

在设计阿兹海默症老人使用的园林时，有一些需要注意的地方。首先，为了保持视线的畅通，让护理人员可以随时看到老人的情况，避免老人在植物后面摔倒却没人看见，所种植的乔木要树冠高于2m，灌木不超过0.5m。庭院应当布置尺度适宜的休憩空间，环境不能太空旷，让老人毫无私密感；也不能太过复杂，让老人容易迷失。由室外通往室内的门要容易识别，方便老人找到回去的路。庭院的后门应当隐蔽，不能让老人看见，防止老人自己走出去。

四、案例介绍及经验介绍

1. 美国特殊照顾型住宅

美国的养老建筑大概分为六类：活跃老人住宅、自理型老年住宅、半自理老年住宅、介护型老年住宅、特殊照顾型住宅、持续照料退休社区。其中特殊照顾型住宅就是针对阿兹海默症老人的住宅，要求提供24小时的持续照料，鼓励老人自理生活，同时提供较多的社区生活服务和医疗服务。针对这类老年人的特殊性，老人们可参与的社区活动受到限制，其内部设施有一些特殊的要求。

阿兹海默症老人大部分身体功能正常但是日常起居生活需要提醒。所以让老人做力所能及的事情，如取信、吃饭等，让他们集中注意力几分钟。患这种病的老人喜欢到处走动，可以设计组团让他们活动，但需要提供安全的环境，对他们能够出入的范围加以限制，楼门用钥匙锁上。可以提供一个漫步花园，让老人在里面散步，要有专门的道路让他们回到起点。还需要有适合老人的设施，比如说抬高的花台，可以方便老人休息。

位于弗吉尼亚州的Dunlop House有专门提供针对阿兹海默症老人的服务，Dunlop House在卧室的设计上采用大窗户，可以眺望窗外的风景和花园。护理院里有壁炉、图书馆、私人餐厅等区域，给老人带来家庭般的温暖。

2. 日本认知症老人之家

日本的认知症老人之家即是针对阿兹海默症老人设置的老年住宅。这类场所为小规模生活场所，以5～9人（大多为9人）作为一个生活单元，入住者自行洗衣、打扫卫生、帮厨等，营造温馨的家庭氛围，达到安定病情和减轻家庭护理负担的目的。其中起居室、餐厅、厨房必不可少。居室各自独立，可以是3人为一组布局。有一些共用的谈话、娱乐空间，卫浴可共用也可分组使用。

3. 德国家庭养老社区

在德国，家庭式养老社区提供住院式医疗服务是对有代表性的常规护理机构的替代或补充——尤其对患有老年失智症的人而言。在德国韦瑟灵的蓝天计划的一项改建项目中，将护理设施进行重组，共有107个居民家庭里的20名阿兹海默症老人重组在改造后的项目中。养老

7.改造之前	12-14.老人与老人,与医护人员
8.改造之后	15.改造后厨房
9.开放空间	16. 活动室
10.开敞空间设计	17. 餐厅
11.活动室	

社区可以集中提供服务和照料。

4. 德国高端养老别墅

位于德国汉堡Reinbek区域次中心的Kursana项目属于豪华养老住宅,在这里的老人可以得到高级的居住享受和舒适的护理,并且能感受到在家居住的氛围。老人可以根据自己的喜好,携带自己的家具和纪念品,甚至养宠物。老人的客人可以在这里过夜。别墅不但有优秀的服务,还有丰富多彩的文化节目和活动。别墅里特别提供一个单独的阿兹海默生活区,专门设置了病区浴室,有专业的护理人员为老人洗澡,露台也有安全保护设施,还有一个专门的社区式生活中心和开放的厨房,为认知能力有限的老人提供一个安全的庇护家园。

五、结语

阿兹海默症老人居住建筑的设计,与阿兹海默症老人的身心特点密切相关,与护理、运营方式也有很大的关系。我们应当充分了解阿兹海默症老人和护理者对空间的需求,努力使设计能够帮助阿兹海默症老人安全、愉悦、舒适的生活,同时协助护理者和管理者提高护理质量和工作效率。

参考文献

[1] 舒芳,罗缓玲. 55例老年痴呆症患者的护理[J]. 护理实践与研究, 2009年第11期.

[2] 冯秀珍. 老年痴呆患者的临床表现及护理对策[J]. 求医问药, 2011年第9期.

[3] 李洁益,赖定群,等. 老年痴呆的护理体会[J]. 中国医药指南, 2012年第10期.

[4] 周燕珉,林婧怡. 基于人性化理念的养老建筑设计:中、日养老设施设计实例分析[J]. 装饰, 2012年第9期.

[5] 中房商协网. 安养地产[EB/OL]. http://www.86fdcs.com/a/dichanchanye/2013/1227/112.html, 2014.01.16/2014.07.09.

[6] 周燕珉,李佳婧. 智障老人居住建筑的设计研究[EB/OL]. http://blog.sina.com.cn/s/blog_6218cf570101onkq.htmI, 2013.09.23/2014.07.09.

[7] 刘照国. 居家养老模式下住宅设计及其更新研究[D]. 合肥工业大学, 2011.

[8] 邱婷,林婧怡. 日本失智老人组团式护理院的设计原则[N]. 中国房地产报, 2011.11.14.

作者简介

杨喆,上海易柏建筑设计有限公司创始合伙人;

陈俊良,上海易柏建筑设计有限公司创始合伙人。

从日本经验看中国养老的运营·设计·护理

An Analysis of Operation, Design and Nursing of Pension Industry in China—Base on Japan's Experience

清水纯 高桥和子 中村裕彦
ShimizuJun Takahashi Kazuko Nakamura Hirohiko

[摘　要]　本文结合日本养老产业的发展经验，从养老项目的运行、养老设施的设计和养老护理的要求3个方面对中国的养老产业提出建议。希望中国的养老项目可以纵观全局，布置综合型的养老社区；在设计上可以全面考虑老年人的需求，从老年人的角度进行全面设计；拥有专业的、有博爱的护理人员，满足老年人基本服务需求的同时满足其精神需求。

[关键词]　养老；运营；设计；护理；日本经验

[Abstract]　Combining with the development experience of pension industry in Japan, the article made some recommendations to China from the operation, design and nursing. We hope China can plan comprehensive aging community, design from the aging's need and train many nursing professionals who can meet the aging's both physiological and spiritual needs.

[Keywords]　Pension Industry; Operation; Design; Nursing; Japan's Experience

[文章编号]　2015-65-C-116

一、运营篇——纵观全局，推综合养护小型社会

在未来的中国养护市场中投资运营优质的养护设施，不可忽视的一个关键点就是一定要纵观全局，从项目的规划阶段到投入运营后的5到10年稳定期为止做一个全方位、一体化的综合考量。

三年前，和心企划联合体（设计运营培训一体化企业联合体）先后参观考察了上海、北京、广州、大连的官办和民营养护设施。特别是2013年参与了上海栖城设计研究院有限公司主办的养护设计运营研讨会，与中国的大型开发商、运营商、福祉相关企业就各自专业领域的知识与经验方面交换了意见。通过该会也让我们日本的设计·运营企业对中国超高龄社会中的社会分工及基础建设等方面有了全面的了解。主办方就未来的需求及市场做了深度的研究与剖析，让人深深地体会到了拥有14亿人口的大国对于养护需求的紧迫感。

然而，有关养护的多个大中型项目都是围绕着建设、规划、运营在做分析。那么，在各种设施中生存、生活的主角——老人们的内心层面，以及为老人们提供365天24小时无间断服务的护理人员的培养等方面，似乎言之甚少。拥有巨大活力的中国

会在短短的10年就可以在硬件方面赶超日本，然而生活在这些硬件当中的老人们的人生规划，是否得到重视和考虑呢？如果不将硬件建设与软环境建设平行同时推进，必将会出现中国三线城市中滥开发后鬼城般的场景，外表富丽堂皇，内里空空荡荡。随着GDP的加速成长，从沿海发达地区开始，国民可支配收入不断提高，人们对精神层面的诉求必将增强，更多地需要精神层面的满足。此时的中国进入到超高龄社会，如果软环境（人格塑造及人才培养）没有与硬件合上节拍，不仅会对收益带来巨大影响，甚至与金融结构改革产生共鸣效果，最终势必走向破绽百出的末路。

另外，中国与日本、北欧等养护设施的整备上除了人格塑造和人才培养方面的不同之外，还有一个更大的区别。说到这个不同，大部分人可能会说是全民保险制度的有无，然而，目前的中国中等以上的富裕阶层所支付于养护护理方面的金额，已经与由保险制度所支撑的日本国家及个人负担的总和是不分上下的。那么，区别到底在哪里？这个区别在于，在日本，根据相关的法律法规会将健康老人、要介助老人、要介护老人按照身体状况进行级别划分，然后按照制度分别使其入住到各自独立的设施中。而中国的做法是将健康老人、要介助老人、要介护老人统

合于同一个建筑物，或者同一规划用地中不同的建筑物中。中国的这种构成及生活形态绝不逊色，是日本在制度上无法实现的模式，甚至可以说是日本在实际应用中应该向中国学习的地方。但无论是中国还是日本，都应该共同打造一个共同参与、互助互信、健康和谐的社会。中国正处于这样的环境当中，应该抓住这一良机打造优质养护产业，共创百姓满意的福祉国家。

打造优质养护产业首要的条件一定是人才，是接受过素养培训，能够帮助生活在小型社会当中的老人及身体有行动障碍的老人实现高品质生活的心地善良的护理人才。要想在养护产业中获得巨大成功和经济利益，关键就在于是否做好了成百上千的人才储备和对这些人才的科学的组织管理。因此，如前所述，做福祉产业要纵观全局，联合各个环节的优势资源，这才是开拓福祉产业市场的经营者最应该着眼的要点。

二、设计篇——全过程设计服务

养护设施的内在，就是"家"本身。支撑着这个养护设施的运营理念就是"对长辈的感恩之心"。无论是老人还是家属都希望能营造一个充满"笑容与

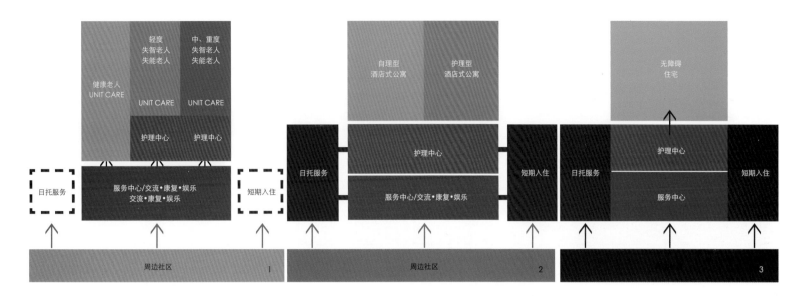

1.养护中心构成图
2.酒店式公寓养护构成
3.无障碍住宅构成

生存价值"的日常生活氛围,可以"健康·安全·幸福"地安度晚年。而为了实现这个运营理念,能够设身处地的照顾老人的护理人员是不可或缺的。养护设施的设计实际上就是为了发挥护理人员的作用,为实现运营理念而服务的。

在养护设施的计划工作之前,首先要对老年人的需求有初步的认识。世界共通的话题,健康自立的老年人也会因为身体的衰老在生活上需要帮助,甚至是精神失智而需要重度护理。在日本,按照身体状况,属于轻度需要介助的老人分为两个阶段,属于中重度(从肢体障碍到卧床不起,以及精神层面的认知症)需要介助的老人分为五个阶段。根据指定医疗机构作出的身体状况报告可以判定老人的健康阶段,然后进入该阶段所对应的养护机构入住。同时可以获得国家的财政补助。

在日本,根据入住者的年龄和身体状况、环境状况的不同,养护设施被划分为健康老人的居住设施及对应由轻到重不同身体状况的养护设施。看似成熟而又详尽的分类,却成为了日本养护设施的一个大的缺陷。由于日本的医疗保险、护理保险构成及对象有所不同,导致了老人随着身体状况的弱化无法一直留在同一设施中,只能根据身体状况报告的结果不断辗转于不同性质的养护设施之间。

而今后中国的养护设施应克服日本现存的缺陷,尽可能让老人可以在同一地方度过晚年。为了建设更好、更宜居的养护设施,有必要在前期规划、方案设计、施工图设计的过程中,除施工阶段的质量管理以外,从设计方针到设计监理设计师都应该参与其中。

而建设更好地综合环境则需要一些导向性的设计理念。

1. 设计理念1:主体的转换

将考虑的主体从管理者变为入住者,使管理运营理念尽可能的实现无障碍式设施。

2. 设计理念2:地点的转换

从"收容中心"模式彻底向"住宅"模式转换,创建一个老人可以自理地度过丰富老年生活的场所,一个"养护之家"。

3. 设计理念3:生活的持续性与选择性

在以地点转换为计划的设施中,创建作为在此之前生活的延续的私人空间,以及可以促进相互进行轻松交流的空间。入住者可以在这些空间中任意选择。

4. 设计理念4:交流的设施

使养护设施更加人性化,在公共的空间中加入交流设施的设计。将自然采光和通风、可观赏的外部构造与植被的设计来作为重点考虑,内装方面则多采用丰富的配色与温馨的材料。

5. 设计理念5:引入节能技术

这是一个世界性的话题。以减少设施的运营费用为目的引入减负荷、环保、高效的技术。

在这里,对日本的现状取长补短,对未来中国的养护设施模式做出了提案。简单来说,分为养护中心、配套服务的酒店式公寓、无障碍养护住宅三种模式。还准备了提高养护设施竞争力的综合提案。

养护中心,是以需介助、失能、失智老人为对象的养护设施。在日本,其对象也包含了健康的自立老人。365天24小时的提供可以使所有老年人快乐生活的服务。为了能够提供高效的服务,根据入住者的健康状态变化生活的场所,入住形态为租住式。地点希望可以选在环境优美、景色宜人的郊外。

建议以10~20名老人为一个单元进行护理,以便于能够充分的提供服务。为每个老人营造舒适的私人居室与互相交流的场所。在公共空间中配置聊天室、图书室、体能训练室、活动室等设施。可以同时

4-9.实景照片

设立本地老人所需的养护设施、提高附加价值的日托型养护设施和短期入住的养护设施。

酒店式公寓型养护，是以住宿为基础的，比养护中心自由度更高，可以为入住者提供各种类型服务使之安心居住的养护设施。自立型酒店式公寓以健康老人为服务对象，将安全保障与生活交流作为服务的内容。护理型酒店式公寓，是以需要护理的老年人为服务对象，除安全保障与生活交流之外还提供如洗浴、饮食、排泄等完整的护理服务。入住形态为租住式。使服务部门进一步的独立，也可以设立在城市中心地带。

使护理中心与服务中心的功能各自独立，将日托中心与短期入住并立，提高当地老人的利用率作为思考的重点。

无障碍住宅，在提供上述二者的服务的同时，满足部分人群的家人想要与老人共同生活在无障碍型住宅的需要。因家人也会在此居住，所以多设在交通便利的城市中心地带。

护理中心、服务中心作为两个独立的功能，将日托中心与短期入住一体化，促进当地居民的利用。

养护设施的复合化：在以住宿为中心的模式2与模式3中，提高养护设施自身的价值与同其他设施的竞争力，尤其为了提高当地居民的使用率，应规划为多功能的复合化养护设施。城市中心地带的养护设施

中，将店铺类的商业设施，医院、诊所等医疗设施，社会化、复健、体能锻炼等健康设施复合化。可以采用中国城市开发的方式。

为另一类弱势群体婴幼儿准备的设施、托儿所等建筑，虽然与养护无关，但同样需要列入计划当中。中国作为发展中国家，应当为从儿童到老人等各个年龄层的人们营造健全的生活环境，打造一个使之能够快乐生活的社区，这一点是相当重要的。

三、护理·培训篇——认知症的对应与笑乐考精神模式

在日本老龄化相关对策一直以来就备受关注，尤其当在家庭护理出现了老老护理的矛盾之后，传统的居家养护已经举步维艰，人人都会面对的养护问题浮出水面。因此，在2000年4月日本出台了介护保险制度。众多的投资者也陆续开始加入到这个由全国民共同支撑的护理行业之列。

在现实的高龄化社会中较为常见的不进行常时生活护理和医疗护理就会危及生命的老人，我们称之为重度化老人。在重度化老人的护理问题中尤为突出的就是认知症（中国普遍称为失智老人）。然而，在中国对认知症的了解程度还处于初级阶段。WHO对认知症的定义为由脑器官疾病引起的记忆、思考、辨

别、概念、理解、计算学习、判断等高级脑功能障碍的症候群（并非意识障碍）。护理并非单方面的，而是由追求富裕安定生活的人们共同构成，必须营造出让每个人自我实现的圈子。而介护福祉的基本思维就是重视隐私、人权、尊严、个性等要素，将每个人的存在价值放在首位。

日本已经进入到消费者主导护理品质，消费者选择入住机构的时代。经营的秘诀往往不在于组织，而是在于这个企业的思想（经营理念、人才储备、成本意识等）。我一直坚信，做福祉，护理业的企业家们的共性是拥有一颗博爱之心。因此，他们在经营养护设施的时候一定会有预防事故发生、追究事件发生原因、关怀员工等风险管控意识，同时完善老人的见、闻、讲等生活及沟通的环境，从内心的精神层面实现对老人们的生活援助。因此，我通过40余年的护理工作中积累的看护、介护经验，笃信护理业的基本经营条件就是培养有心之人。肢体上的障碍靠的是无障碍硬件环境，内心中的障碍靠的则是有心的护理人员。这种有心之人在制度或预算等物质利益面前不为所动，愿意与人分享来自老人的一句"谢谢"所带来的喜悦与感动。这种喜悦与感动是人类的特有的权利，它关系到如何找到生存的意义、如何找到生活的乐趣。每个人都努力做自己喜欢的事、做自己最想做的事、做自己最擅长的事，同时能为他人或社会带来

贡献，是最能体现生存价值的时刻。

十分荣幸的是，我这数十年以来所坚持的时时刻刻以入住老人为中心、以重视老人的程度来作为判断工作是非的标准，不畏批判、持续无间断地向社会分享自己的思想与心得体会的工作姿态，受到了很多业内人士的青睐。而在实践过程中，通过营造工作人员和入住老人双方都舒适的环境而带来正面效果的实例也不胜枚举。可以说，我创立的微笑、欢乐、思考模式，即用笑乐考精神进行思考和行动模式在护理的实践当中发挥了巨大的积极作用。

即便存在国籍和种族的差异，但是人们在精神层面的诉求是相通的，这一点我从很多的友人那里得到了首肯。因此，我希望中国的朋友们能够感受到我炽热的思想，并一同将之付诸于行动。为了克服将来在中国的共同事业上的语言障碍，作为70岁高龄的老人家我开始了中文会话学习，这不能不说是一个巨大的挑战。目前别说是语言理解，就连发音也让我苦不堪言，看起来也十分滑稽可笑。

我殷切地希望，我们能从入住老人和护理人员、护理与被护理双方立场的思维定势中跳出来，双方作为一个整体共建一个轻松愉快的护理氛围。同时，希望在追求真正高品质护理这一共同目标的路上，我们能够结伴同行，成为值得彼此信赖的伙伴。

作者简介

清水纯，日心企划（大连）有限公司总经理，日本建筑师协会北陆支部石川地域会会长，从事养老医疗设施、教育设施、温泉娱乐设施等研究近40年；

高桥和子，日心企划（大连）有限公司护理顾问，特殊养护设施（明峰之里）顾问，著有《笑乐考——在失智颐养院（ASAHI）》等；

中村裕彦，日心企划（大连）有限公司理事长，医疗法人社团博友会（第三病院栋）开院顾问。

6

7

8

9

老有所乐
——探析澳大利亚老年生活社区的规划管理
Analysis of Australian Senior Living Community Design and Management

苑剑英 孙 赛
Yuan Jianying Sun Sai

[摘 要] 本文介绍了在全球老龄化背景下澳大利亚所进行的老年生活社区、老年护理中心规划设计案例。这些案例具有塑造人文关怀社区，加强老年社区与大众社会生活的联系度、提倡可持续发展等特点。文章通过介绍澳大利亚养老产业案例，总结老年社区规划设计经验，为国内老年生活中心的规划和设计提供借鉴意义。

[关键词] 老年生活中心；融合性社区；归属感；远程医疗服务

[Abstract] The article conducts case study of Australian senior living community under global ageing population context. It introduces response of Australian government and private sectors to challenges caused by ageing society. These cases contribute to local sustainable developments, provide sense of belonging for the aged, and advocate connection and communication between senior living centers and public community. Through case studies, design concept and operation experience of senior living centers would significantly contribute to aged care development in China context.

[Keywords] Senior Living Center; Community Integration; Sense of Belonging; Telemedicine Care

[文章编号] 2015-65-C-120

1.墨兰莉园养老村
2.Paddington 公寓
3.匹兹沃斯生活中心
4.匹兹沃斯生活中心

一、引言

随着各国老年人口比例的持续增长，全世界范围内的老年居住设施都面临着严峻挑战。在不远的将来，20世纪40年代婴儿潮时期出生的大部分人都将步入老年生活。而婴儿潮时期出生的人与他们的上一代相比拥有更加活跃丰富的社交生活。同时他们的生活条件和物质基础也更加殷实。对于越来越多的老年人来说，退休意味着丰富多彩的生活新篇章的开始。因此，传统意义上的封闭式养老设施已不再能满足当今老年人的需要，未来的养老设施将发展成一种开放、多功能的综合生活社区。

二、老年社区概念的提出

澳大利亚作为世界上实行社会福利制度较早的国家之一，其福利制度的完整性、公平性和优越性也是在全世界各个国家中名列前茅。澳大利亚的主要政策导向是向公民提供公平的、高质量的服务，其中对老年人的关怀和照顾在整个社会服务保障体系中尤为突出。澳大利亚人口统计调查显示65岁以上公民在总人口数量中的比例持续增长并有加速上升的趋势。因此，养老设施及老年护理将成为社会面临的首要问题。老年人口增长速度过快及人们对养老设施要求的

提高导致传统的养老机构已经不能满足大众需要。为应对老龄化社会的挑战，澳大利亚政府及规划设计部门广泛开展养老社区规划与老年护理的研究，建立了比较完善的老年社区和老年护理服务体系，将老年人的医疗护理、家庭护理和生活照料等环节有效衔接，拉开了由传统的养老机构向现代的养老社区转变的序幕。

在社区布局上，规划设计者通常把老年公寓、护理中心、服务网点和急救站设置在同一区域，形成设施完备的老年社区。老年生活社区概念的核心是建立老年人与社会的联系而非将他们完全隔离在老年社区内。因此，老年社区的选址尽可能与大众居住社区毗邻，共享设施，如商业、休闲场所等，创造活跃的公共空间及社区环境。让社区内的老年人能与大众居住社区紧密联系，最大限度地享受日常生活，保持社交活力。在这样的环境中生活，老年人不会与外界的日常生活娱乐脱离。他们不但可以正常独立居住，还能享受到高水平的护理服务及便利的公共设施。

老年公寓，又称作老年生活中心，是养老社区中的重要组成部分。老年公寓的服务对象基本是以生活照料为主，配有一定医疗保健设施。公寓居住的老人有一定的自理能力，不需要24小时监护。公寓向老年人提供住宿和一些支持性服务，如洗衣、清洁、协助老人穿衣、洗澡、就餐等。澳大利亚目前有老年

公寓近8万所，入住人数有约60万人。由于实行鼓励政策，目前其数量正不断增加，同时等待入住的人数也在增加。

三、老年人对养老社区的要求

为了打造有魅力、有活力的老年居住社区，设计者首先需要对项目所在地的传统文化价值进行了解，考虑使用者的期望以及功能需求。老年社区的规划设计需要参照以下八点指导原则。

（1）可达性与连接性：与周边大众社区紧密连接，提供舒适的人行步道和街边休闲场地，鼓励社区内步行。

（2）用途与活动：具有吸引人的活动内容、充分利用沿街底层空间、提供向市民开放的便民综合服务设施，如配备网络连接的图书馆（包括书刊、杂志、DVD、CD 等），可进行治疗锻炼活动的室内游泳池、养老社区俱乐会所、社区剧院。

（3）舒适度与辨识度：具有独特文化地域特色的建筑设计与环境设计。

（4）社交性：社区内提供适合老人活动的社交空间，让他们乐于生活在其中，培养老年人对社区归属感和自豪感；提供居民聚会和体验社会支持的机会，如供家人访视和邻里聚会的场所。

（5）保障隐私：空间布局上充分尊重老年人的隐私，满足空间私密要求。

（6）景观视野：提供拥有外部景观和明亮温馨室内环境的生活空间，替代冷漠的诊疗和护理设施。

（7）护理的专业性：提供保障医疗服务的健康中心，并开展健康辅导，如健康理疗、美容沙龙等。

（8）归属感：为大多数老年人，尤其是特殊群体，如大脑认知功能退化的老年人提供舒适的环境和个性化情感护理来营造健康乐观的生活，防止他们出现焦虑和对陌生环境的排斥。

四、澳大利亚老年社区规划设计实践

1. 老年社区与周围自然环境和当地社区相融合

（1）墨兰莉园养老村（Maleny Grove），澳大利亚昆士兰州

墨兰莉园位于澳大利亚昆士兰州墨兰莉镇郊区，靠近墨兰莉医院。项目目标是建造两居室和三居室复式公寓和新中央社区中心。它的设计摒弃了常规养老设施采用的封闭砖瓦建筑，而是在建筑布局、居住规模和场地规划方面充分考虑了当地环境和气候，将养老村与墨兰莉当地社区环境有机结合。墨兰莉园每幢养老别墅的朝向都经过了充分考虑与分析，以保证足够的采光、通风和自然秀丽的景观。项目还在预算允许范围内融入了可持续设计原则，将木材、石头、轻质面板及彩钢板等可循环材料混合使用，使养老住宅不仅在布局和形态上与环境契合，还能在环保方面做到与自然真正融为一体。

综合来讲，墨兰莉养老村的规划设计考虑了以下因素：建筑物采用单层结构，以保证住户能够长期顺利出入。在社区中心增加临街店面，从而提高老年社区与墨兰莉当地社区的融合度，确保养老村不被孤立。在建筑布局方面考虑到景观、视线和自然地势等因素，并将社区建设与自然环境结合。设置贯穿整个项目场地的景观绿化带和绿色通道，并在绿化带周边配备室外活动和娱乐场所，增强社区融合度。在社区内部构建居民区人行道网络提高通行便利度，方便住户间的拜访。

（2）汤斯维尔市帕丁顿公寓（Paddington Apartments），澳大利亚昆士兰州

该公寓是坐落于汤斯维尔城市广场的一幢9层塔楼，含有40个房间。帕丁顿公寓的特点是其建筑表皮采用了金属涂层来与邻近的铁路、古建筑交相辉映，使公寓与场地环境、历史文化完美结合。此外，该塔楼被垂直花园所环绕，极具热带建筑风格，与昆士兰州整体的自然风格极为契合。该塔楼内部空间采取广场式布局，每层5间公寓中有4间设在角落位置，最大限度地保证对流通风、景色观赏及自然采光。

2. 为特殊群体营造归属感

匹兹沃斯生活中心（Beauraba Living, Pittsworth）位于澳大利亚昆士兰州为关怀特殊老年群体，设有单独的老年痴呆症护理设施。由于患有痴呆症老年人心理脆弱，情绪不稳定，他们的护理设施与常规护理设施相比更加安静温馨。空间的设计应强调营造归属感，让他们感觉到关心与舒适。匹兹沃斯生活中心的社交活动区与生活区均采用了具有镇定放松作用的颜色和灯光，每一个细节均有助于患者的治疗。护理设施除舒适的生活空间外，还包括一个具有良好景观的庭院，用来帮助痴呆症老年人放松心情，平复紧张情绪，营造归属感。庭院与现有医院和老年护理设施相通，提供了便利的医疗护理条件，保证老年人在突发情况时及时就医。匹兹沃斯生活中心还包括两个多功能活动区，它们对保证患者的全面健康起到至关重要的作用。

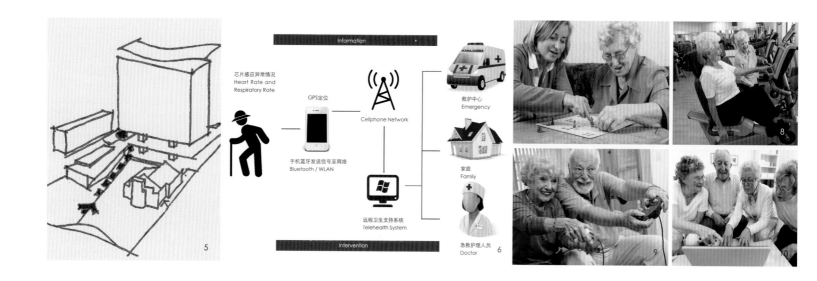

芯片感应异常情况
Heart Rate and
Respiratory Rate

GPS定位

手机蓝牙发送信号至网络
Bluetooth / WLAN

Information

Cellphone Network

远程卫生支持系统
Telehealth System

Intervention

救护中心
Emergency

家庭
Family

急救护理人员
Doctor

5.First Landing 公寓底层架空草图   10.老年人网络学习
6.老年远程卫生支持系统原理   11.乡村模型布局
7.老年娱乐   12.乡村模型概念
8.老年健身运动   13.城市模型
9.娱乐活动

3. 因地制宜的设计，强调与当地社区的融合度与连接性

红崖区上岸观光公寓（First Landing Apartments）位于澳大利亚昆士兰州。该项目包括一幢12层高的新建建筑，拥有59个房间。该建筑充分利用了海湾的绝佳地理位置，视野可延伸至远处的莫顿海湾。公寓与周边大众居住社区之间具有紧密的连接。公寓临近当地红崖村，处于绝佳的地理位置。周边设有澳大利亚现役和退伍军人俱乐部、超市、草地滚球俱乐部，住户走路即可到达，为公寓内老年居住者提供了便利的与外界联系的条件。因此，这里已经成为当地老年人退休生活的理想处所。

红崖区上岸观光公寓还因地制宜，采用底层架空建筑塔楼设计。底层架空使公寓一层高度刚好能与附近的古建筑红崖市议院持平，让这座塔楼对议院在视觉上不产生任何遮挡，从而保证了红崖市议院与附近建筑的视觉连接性。

4. 提供专业的配套管理与护理服务

澳大利亚老年社区一般会配备专业的护理团队和管理团队以保证老年居住社区的有序运行。经过大学进修培训的注册护士以专业的服务精神、技能和爱心，在患者家中、疗养院和养老社区住房提供种类丰富的护理服务。护理服务包括：专业的老年医疗保健、护理评估、出院后护理、病例管理、慢性病管理、失智症护理、糖尿病服务、医药管理、临终关怀、呼吸护理、伤口管理。除个性化居家护理服务外，服务团队还为老年人、残疾人、慢性病患者及其

他人群提供实质性协助，帮助他们在家安全生活，享受最大限度的独立性。服务包括：家务协助，如家庭清洁、衣物洗涤和熨烫、购物；个人护理，如协助吃饭、洗澡、如厕、穿衣、仪容整理、上床下床出外活动等日常个人事务；暂息护理，让长期照料、关心和支持患者的负责照顾人员减轻压力。

科技的融合也是澳大利亚养老社区服务管理的一大特色。服务团队始终站在移动计算机技术和ICT前沿。在同类机构中率先实施一体化、定制化移动技术计划，以协助护士和支持人员更好地管理客户数据，提高效率并护理规划、管理与交付。养老服务团队采用定制软件，负责客户评估，为客户、行业和普通大众提供正常工作时间之外的服务。

此外，澳大利亚养老服务机构还支持远程卫生项目。远程卫生服务是居家医疗保健最具特色的领域。它充分利用互联网连接，通过视频会议模式对符合条件的客户提供远程监控和医疗保健服务。远程卫生项目能够充分发挥护理服务交付方面的经验，结合其对ICT的专业人士，帮助客户掌握必备技能，降低成本，提高工作团队利用率，最终通过技术、临床专业知识和跨学科团队的有效利用，为更多患者提供更多服务。

五、老年社区研究模型

受生活环境的影响，不同地区的老年人对养老社区的要求也会有所不同。生活在乡村的老年人更偏爱于风景优美、居住密度较小的社区。长期生活在城

市的老年人则希望与热闹的城市社会生活保持同步。因此，根据用地条件、生活习惯等因素，老年生活社区的规划可以发展为乡村模式和城市模式。

1. 乡村模型

乡村模型的方案和设计原则与墨兰莉园项目类似，目的是将充满活力的休闲场所、商店、健康中心和医疗诊所等全都布置在社区内，为老年人提供度假式的日常生活。乡村模式老年社区的中心通常是配备私人花园的低层别墅，别墅区四周围绕景观绿化带。花园别墅均面朝视野宽阔的自然景观，保证良好的视野、采光和通风。乡村模式老年社区外围配有便利的医疗保健、商业零售公共设施，如健康护理中心、老年大学、咖啡馆、商店、超市、俱乐部等，鼓励老年人享受健康、有活力的退休生活。老年社区外围的公共设施服务于老年居民的同时，还能服务于大众生活社区。这种共享设施模式节约了社会资源，同时也增进老年社区与公众社会的融合度。而社区内景观绿化带的巧妙设置除了具有美化生活环境的功能外，还可以隔离共享公共设施带来的干扰，保证老年人安静、安全的生活环境。

2. 城市模型

城市模式的老年生活中心具有多功能性质，将老年生活服务区与大众居住、商业设施相结合，形成多元化、有活力的城市社区。受城市用地的影响以及多元化的需求，城市模式老年中心与乡村模式相比，与社会的融合与联系都更加密切。城市模型将社

区分为大众生活区与老年社区两部分。大众生活社区拥有地下停车场、地上交通枢纽、沿街的商铺和休闲娱乐空间，高层为传统住宅。老年生活社区由底层开始依次为老年大学、健康护理中心、医疗中心及服务于整个社区的孕妇月子中心，配有护理设施养老住宅同样位于高层。

六、结语

在全球老龄化背景下，老年生活社区将会成为各国讨论养老问题时的核心话题。评判老年社区成功与否的标准是它是否能让所在的大众社区接受，是否能提升老年群体的幸福感和健康水平等。总体来看未来老年社区的规划具有不断走向融合和可持续发展的趋势（Community Integration），强调老年社区的连通性和人性化体验。社区不但要功能完善，还要与周围环境无缝融合，使街道活跃起来。通过活动与社交沟通来营造老年人对养老居住社区自豪感与归属感。同时，老年居住社区与大众社区的融合不但可以保持老年社区与社会的联系度，还可以吸引周边居民融入，共享基础设施和社区配套管理服务，从而达到社区商业的成功。

资料提供

[1] 澳大利亚Conrad GargettRiddel（CGR）建筑设计公司

[2] 皇家澳洲颐养服务公司（RDNS）

参考网页

[1] http://www.conradgargett.com.au/.

[2] http://rascs.rdns.com.au/.

[3] http://www.myagedcare.gov.au/.

作者简介

苑剑英，上海同济城市规划设计研究院城开分院，国际合作部主任，高级规划师；

孙赛，上海同济城市规划设计研究院城开分院，规划师。

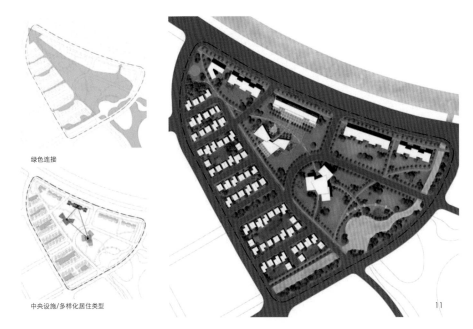

绿色连接

中央设施/多样化居住类型

11

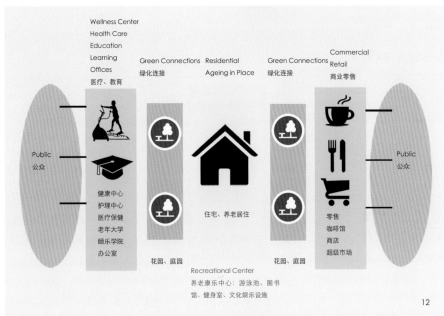

12

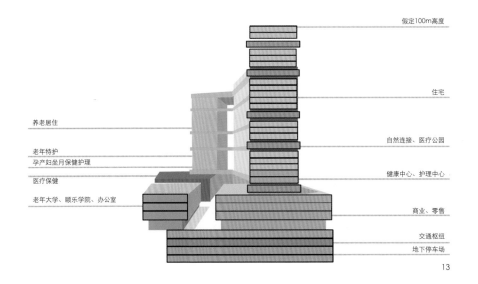

13

养老社区规划、运营实例分析
——以台湾长庚养生文化村为例

Analysis of the Planning and Operation of Retirement Community
—Take ChangGen Health Village in Taiwan as an Example

沈海琴
Shen Haiqin

[摘　要]　长庚养生文化村是台湾一所成功的"持续性照顾的退休老人小区"（CCRC），其在策划、规划、后期运营方面都积累了较为成熟的经验。本文主要总结了长庚养生文化村的三方面的成功经验。一、市场定位方面，以60岁以上生活能够自理的老人为目标客户群；二、空间规划设计方面，整体园区规划划分成小规模的邻里单元并且保留了大量的开放空间，确保老年人居住生活的舒适性，建筑细节上采用了方便老年人生活的智能生活系统；三、后期运营管理方面，为老年人提供个性化的健康医疗服务，同时提丰富的娱乐学习项目，满足老年人的精神需求。通过对长庚养生文化村三个方面经验的梳理，总结一些养老社区的成熟经验，以期为国内养老社区的发展提供一些借鉴。

[关键词]　养老社区；规划；运营；长庚养生文化村

[Abstract]　ChangGen health village is a successful "CCRC" in Taiwan (continuous care retiree community), it have accumulated a mature experience. This paper mainly summarizes the successful experience in three aspects: first, market positioning, with over 60 old man as the target customer base; Second, space planning and design, ChangGen health village has kept a lot of open space, to ensure the comfort of old people live, besides, construction details using smart systems; third, operations, provide personalized health care services and rich entertainment programs for the elderly. Three aspects of ChangGen health village experience summary some pension community mature experience, to provide some reference for the development of domestic aged community.

[Keywords]　Retirement Community; Planning; Operations; ChangGen Health Village

[文章编号]　2015-65-C-124

一、目标定位及概况

长庚养生文化村以建立"持续性照顾的退休老人小区"CCRC为目标，除一般住宅服务外，提供连续性医疗照顾，整合其生活娱乐服务，希以达到安居住宅的典范。

1. 目标客群

长庚养生文化村目标客群为60岁以上的高龄人士（配偶年龄不限），入住前须通过长庚医院身体检查合格，日常生活能够自理，无法定传染病、精神疾病、失智症、癫痫，控制不良等疾病，并且没有器官移植病况不稳的情况，就可申请进入居住。

2. 社区概况

长庚养生文化村自1991年起，历经7年的筹划与评估分析，于1998年正式进入筹备期，2001年开始建设，并于2004年申请登记为老人住宅，成为台湾

第一个依老人福利法等相关规定规划、兴建并开始运营的的老人住宅。2005年3月开放申请者入住。

长庚养生文化村位于台湾省桃园县龟山乡旧路村4邻长青路2号，总面积约为25.6hm^2，绿化休闲场地17hm^2，居住总户数约4 000户，建筑为7层楼房，提供两种户型：一房一厅约46m^2、一房两厅约73m^2。

二、社区整体规划特色

1. 优雅的养生环境

养生文化村户外公园占地约15hm^{2}以上，达到远离尘嚣烦恼，尽情沉浸在大自然中的目的。

2. 完善的健身步道系统

（1）和缓步道——低氧步道

铺面以高压水泥砖为主，利用此步道串联各栋及全区，使步道成为环状系统，坡度控制在12.5%

以下，可供老年人使用。动力中心至山顶工作平台间路段，则可供高尔夫球车使用，以方便紧急事件处理。

（2）休闲步道——中氧级步道

铺面为刷石子，此步道所需运动量略大于和缓步道，坡度在25%以下。在环山步道系统下增设另一条步道，增加动在线的趣味性与挑战性。

（3）休闲步道——高氧级步道

铺面为顶铸石板步道，提供活动力较强且体能状况良好者使用，其间坡度变化大，利用阶梯达到高氧的活动。

（4）休闲步道——中至高氧级道

林栈道以斜坡及阶梯穿插，提供喜爱走楼梯者使用，其间搭配木平台，除休憩外还可亲近自然环境。

3. 果园区、野趣农园区

果园区：配合季节性栽种各种水果，提供住民采果及观果的乐趣，如元月份有橘子、三月有莲雾、

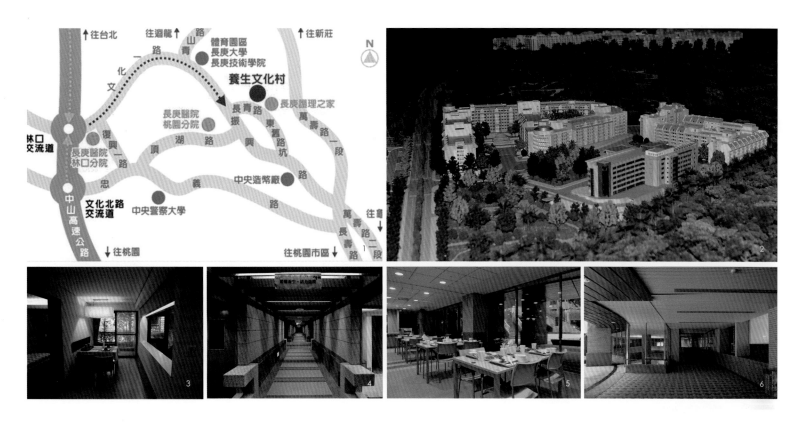

1.长庚养生文化村区位图
2.长庚养生园区外景
3-6.长庚养生园区内景

四月有桃子、六月份有杨梅、七月有荔枝、八月有龙眼、九月份有柚子、十月有咖啡等水果,以及四季生长的金桔、柠檬和香蕉等共二十二种水果。

野趣农园区:使老年人接近大自然,动手种植栽、亲近自然,借由自然环境资源让心灵回归大自然,种植种类以蔬菜为主,让老年人劳动筋骨、体验田园生活;并利用瓜果的藤蔓特性,创造果实累累的情景。

4.公共活动区、儿童游戏区、运动场

设有活动大草坪面积约420坪,以草坪为主的活动空间让住户在聚会聊天时享受大自然聚会之开阔性。并设有一座工作坊,提供户外教学及举办活动之使用。

儿童游戏区、运动场分散于规划道路两侧,儿童区及运动场区面积约2 215坪,设有儿童游戏场、篮球场、网球场、体健活动区等各一座,及两座槌球场供住民活动使用。并为加强亲子之间的互动,将动态的球场、游戏场及康体活动在此融合使用,以达到互动的功能。

5.观景平台及信仰中心

观景木栈道总长265m,提供住民观景及春季赏樱的最佳景点,并供训练体能、耐力之场所,创造观、听、动之使用空间。

尊重个人宗教信仰,设置各种宗教聚会场所,满足心灵需求。佛教具有抚慰人心、提供心灵寄托的正面意义,长庚养生文化村在创立之初设置了两处宗教空间——佛堂及礼拜堂。

三、建筑规划

1.建筑规划理念

(1)完整的邻里街坊,充满人情味的银发社区;

(2)提供多种住宅户型可供选择,满足不同需求的养生住宅;

(3)专为银发族设计的生活空间,室内室外全面无障碍设计。

老人居住单元是依簇群的观念建构,约8户至20户为一小簇群,拥有共同交谊、聊天的空间,以60户至80户为一中簇群,设有公共洗衣间及垃圾收集间,而以500户至700户为一大簇群,设置公共餐厅、麻将间、阅览室及其他文康活动设旋,所以养生文化村是依簇群的观念来建构,住民生活在有邻里情感和社会脉动的小区中。

2.智慧化居住空间设计

让人们享有安全、健康、便利及舒适的生活品质,即为智慧化住宅的最终目标。

老年人居家情景系统,针对长庚养生文化村空间提出的系统概念,以老年人的生活习惯为基础,将时间轴结合生活作息的想法让老年人自身习惯与系统互动,最后根据老年人的生活需求构建了9个智慧化的居住空间模式。

7-9.长庚养生园区外景
10-11.长庚养生园—银发社团活动

（1）外出模式

情景系统结合养生文化村的保全功能，当老年人外出时，只要取出卡片，就可以关闭所有的家电并启动保安系统。

（2）卫浴模式

在高龄智慧化家居空间的浴室部分，除提供舒适的洗浴环境之外，最重要的是安全考虑。因此，情景系统除了会根据当下情景进行水温、气温及光源的调整之外；如果老年人洗浴时间异常时，外界透过通话系统主动和老年人联络，或者老年人自行启动浴室中的紧急呼叫系统。

（3）亲朋好友模式

情境系统透过图像化的联络界面，整合相关的通信设备，如：网络电话、传统式电话及移动电话，当老年人要与亲人或朋友互动时，只要选择图像就能轻松联络亲朋好友。

（4）洗涤模式

衣物清洗为生活中不可或缺的任务，当老年人在炎热或寒冷的天气需要洗衣时，情境系统会自动调整洗衣间环境气温，提供一个温暖舒适的清洗空间。

（5）气候感应模式

气候感应模式主要是因为龟山地区多变的气候状况，当天气炎热及寒冷时，系统自动调节室温提供老年人稳定的气温，下雨或者昏暗时系统自动调亮灯光。

（6）早晨时光

系统根据老年人的起床时间，于每日晨间自动启动，也可在睡前调整启动时间，系统启动时会透过百叶窗调整自然光源，营造明亮的环境，并在百叶窗调整前预先调节室温，让老年人享受舒适安全的晨间时光。

（7）睡眠时光

启动睡眠系统时，光源及室温会根据当下情景调整，营造助于睡眠的环境；夜晚时，增加红外线感应功能，当侦测到老年人的下床动作，自动开启卧室通往浴室的辅助光源。

（8）生理监控

健康照护为老年住宅不可或缺的重要功能，情境系统整合相关的生理量测仪，记录老年人每日的生理及活动资讯，透过与中央平台的连接提供适合每位老年人的饮食及活动建议。

（9）视听盛宴

当老年人想观看电影时，室内窗帘即自动关上及进行光源调整，让老年人置身于专属的视听剧场。

四、医疗及健康服务

健康管理服务内容包括：

（1）专职提供健康咨询；

（2）专职社工协助规划健康愉悦的生活；

（3）专属社区医院，派驻医学中心级的专业医师，提供周全服务。

1.健康评估

定期给老年人提供身、心、社会、环境的健康评估。

2. 健康计划

（1）以身体状况量身定做个人专属的养生健康计划；

（2）建立个人健康资料库，并随时关心生活机能掌握健康情形；

（3）照护管理电脑化，连接长庚医院医疗体系，提供完整的健康照护与紧急医疗服务。

3. 健康促进

（1）定期安排健康检查、体能检测及处方意见，以促进身体健康以及活动能力；

（2）定期安排流行性疫苗注射，预防流行感冒；

（3）定期举办健康讲座、养生咨询，推动健康促进自我保健观念。

4. 健康维护

（1）社区内设置社区医院、特约门诊、康复中心，并与桃园分院、林口长庚医院结合方便看病复健；

（2）用药咨询：护理师、药师及医师提供用药咨询；

（3）社区内设有自动血压计、身高体重计、血糖机，提供老年人血压、体重及血糖的自我监控维持良好的慢性病管理。

5. 紧急救护

（1）定期举行救护训练，提高员工救护知能；

（2）紧急医疗转送服务，有林口长庚医院为后盾。

6. 长期照护疗养

长庚护理之家、桃园分院、缓和医疗病房提供全程服务。

五、活动规划

1. 多元养生休闲——社团

长庚养生文化村内以提供完整的小区机能服务为目标，规划办理各项社团及教学活动，例如书法、插花、韵律、雕塑等学习教室以及陶艺木雕活动、版画、暗房等特殊设备，另有静态作品展示场及动态表演厅，除供住民共同分享、发表学习成果外，亦丰富其生活质量。

2. 多元养生休闲——节庆活动

养生文化村每年举办大型的节庆活动，像是春节、端午节、中秋节、父亲节、母亲节、重阳节及养生文化村的村纪念日，老年人在村内依旧参与节庆活动，并且可以邀请家属一同观赏、参与，增进老年人互动，以及人际关系。

表1　　　　民俗节庆活动

春节系列活动	元宵节活动
植树节活动	清明节活动
端午节活动	母亲节活动
父亲节活动	中元节活动
教师节活动	中秋节活动
重阳节活动	圣诞节活动
冬至活动	

3. 多元养生休闲——研究活动

长庚养生文化村小区规划日常和全年度多元而丰富的活动，以及提供终身学习的机会。且提供社团资源供老人参与让村内的住客可以"活到老、学到老"。

长庚养生文化村高龄教育规划自1995年3月起正式开始办理，每三个月一期，从1997年4月起，以六个月为一期，参加对象包括养生文化村居民及一般民众，课程内容包括养生健康类生活技能类等，上课地点以养长庚养生文化村教室为主，师资来源包含各个大专院校、社区大学、长庚医院、长庚养生文化村居民等，每年利用教师节、重阳节等活动进行学习成果的发表，包含动态的表演活动、音乐会、庆生会等，及静态的展览及开闭幕茶会、游园会等方式来呈现研习班的学员的学习成果。透过研习班课程让老年人达到老有所用、代间交流、混龄学习、延缓老化及连结社会等良好效果。

表2　　　　研习班课程

二胡初级班	二胡进阶班
电脑初级班	电脑进阶班
社交舞班	水彩班
书法班	京剧班
日语班	英语班
民俗手工艺教学	生活讲座

六、小结

长庚养生文化村在以下四方面做的比较成功。

第一，台湾长庚养生文化村定位走差异化经营；以高质量的服务定位，重视优质、尊荣、休闲与健康等条件，区别于老人院、疗养院等缺少感情色彩的养老设施。

第二，创造舒适绿色的社区环境；从规划到设计都凸显出对环境品质的高标准，并且结合老年人的需求进行健身步道、果蔬菜园、公共空间、建筑智能系统的建设，为社区打下良好的硬件基础。

第三，长庚医院完整的医疗护理，平价但高级的定位，为其他银发住宅所不及的；小区内即设有医院、特约门诊、康复中心，派驻专业医师，提供周全服务，并有专职护士与社工协助健康咨询，专业营养师设计的养生饮食，保障银发族的健康。若是重大病症也可就近至长庚桃园分院、林口长庚医院就医，医疗资源丰富。另外，为防止紧急事故的发生，每户皆设有紧急呼叫设施，以及全天候监控中心，随时提供紧急救援服务，将意外事件的发生机降低至最低。强调以长庚医院为基础的医疗系统，为高龄者健康的把关，并首采连续式的照护让高龄者不至于受迁移之苦，能在不同的身体状况下接受不同的照护，以作为和其他业者比较的最大优势。

第四，强调社区人际关系，注重老年人的精神生活；塑造多元养生文化，丰富退休生活价值，规划调养身心的休闲活动，参与社团活络人际关系。

作者简介

沈海琴，上海市城市规划设计研究院，景观规划师，初级。

IDEALSPACE 理想空间合作单位

上海广境规划设计有限公司
上海嘉定规划设计院有限公司

上海广境规划设计有限公司
负责人：徐峰　职务：院长
Tel：021-59532491
联系人：陈娟
Tel：021-59929263/ Fax：021-59929263
地址：上海嘉定区嘉新公路226号 嘉房置业广场B座5楼
邮编：201899

上海经纬建筑规划设计研究
院有限公司

上海经纬建筑规划设计研究院有限公司
负责人：张榜　职务：副院长
Tel：021-65039009-103
Fax：021-65638325
地址：上海市控江路1555号信息技术大厦1308室
网址：http://www.sh-jwjz.com

 大连市城市规划设计研究院
负责人：胡献丽　职务：院长
联系人：黄川川　职务：办公室主任
Tel：0411-83722652/ 0411-83722708
Fax：0411-83722700
地址：大连市西岗区长春路186号
邮编：116011
网址：http://www.dlpdi.com

 江阴市规划局
联系人：张旻
Tel：0510-86028893
Fax：0510-86028866
地址：江阴市五星路18号
网址：http://ghj.jiangyin.gov.cn

 荆州城市规划设计研究院
负责人：秦振芝　职务：院长
联系人：刘祖远
Tel：0716-8254123-8306
Fax：0716-8265364
地址：湖北省荆州市沙市区塔桥路20号

 上海合乐工程咨询有限公司
联系人：吴昊　职务：市场部主管
Tel：021-51870288-819/ Fax：021-62175908
地址：上海市黄浦区西藏中路728号美欣大厦3楼
邮编：200041
网址：www.halcrow-sh.com

 北京市城市规划设计研究院
负责人：马良伟　职务：副院长
联系人：陈少军《北京规划建设》编辑部
Tel：010-68020386
Fax：010-68021880
地址：北京市西城区南礼士路60号
邮编：100045
网址：http://www.bmicpd.com

上海市城市规划设计研究院
负责人：张玉鑫　职务：院长
Tel：021-62475904
Fax：021-62477739
地址：上海市铜仁路331号
邮编：200040
网址：http://www.supdri.com

浩丰规划设计集团
重庆浩鉴旅游规划设计有限公司
负责人：曾玲　职务：总经理
联系人：舒浩　职务：商务经理
Tel：023-63500015-831
Fax：023-63530026
地址：重庆市北部新区龙睛路9号金山矩阵商务楼
A座11F（邮编：401120）
网址：www.cqhaofeng.com

主编简介

 黄勇

同济大学建筑与城市规划学院博士研究生，工程师，研究领域为城市设计、历史文化名城保护、城市经济和城市开发，研究成果：杭州建设强度分区研究（2010）、主要出版图书：《市场导向下的城市规划实践》（天津大学出版社）。

 孙旭阳

同济大学建筑与城市规划学院硕士毕业，高级工程师，同济大学建筑设计研究院景观工程院所长。研究领域为：城市设计、城市景观、城市风貌与特色。研究成果：1.《基于地域性的城市色彩控制方法探究》（世界华人建筑师协会城市特色学术委员会2007年会论文集）2.论文《低碳生态策略在旅游小镇规划中的应用》，（同济大学出版社）。主要出版图书：《2011景观设计年鉴》（天津大学出版社），《TOPONE景观》（天津大学出版社），《TOPONE景观 II》（天津大学出版社）。

 姜岩

理想空间（上海）创意设计有限公司，城市规划设计师，沈阳建筑大学，硕士。